U0314304

人力资源和社会保障部职业能力建设司推荐
有色金属行业职业教育培训规划教材

镁及镁合金
防腐与表面强化生产技术

主　编　高自省
副主编　张新海　窦　明　芦用喜
主　审　罗大金

北　京
冶　金　工　业　出　版　社
2012

内 容 简 介

本书是有色金属行业职业教育培训规划教材之一，是根据有色金属企业生产实际、岗位技能要求以及职业学校教学需要编写的，并经人力资源和社会保障部职业培训教材工作委员会办公室组织专家评审通过。

本书全面介绍了镁及镁合金的耐蚀行为，阳极氧化、化学转化处理、电镀等镁及镁合金防腐与表面强化的生产工艺与技术，并对镁及镁合金腐蚀的防护研究进行了展望。

本书可作为高等学校、职业院校相关专业和企业培训教材，也可作为大、中专院校相关专业教师、企事业单位专业技术人员和领导干部等人员的参考读物。

图书在版编目(CIP)数据

镁及镁合金防腐与表面强化生产技术/高自省主编．—北京：冶金工业出版社，2012.6
有色金属行业职业教育培训规划教材
ISBN 978-7-5024-5897-3

Ⅰ.①镁…　Ⅱ.①高…　Ⅲ.①镁—防腐—技术培训—教材　②镁合金—防腐—技术培训—教材　③镁—金属表面保护—技术培训—教材　④镁合金—金属表面保护—技术培训—教材　Ⅳ.①TG178

中国版本图书馆 CIP 数据核字（2012）第 080760 号

出 版 人　曹胜利
地　　址　北京北河沿大街嵩祝院北巷 39 号，邮编 100009
电　　话　(010)64027926　电子信箱　yjcbs@cnmip.com.cn
责任编辑　张熙莹　美术编辑　李　新　版式设计　孙跃红
责任校对　石　静　责任印制　张祺鑫
ISBN 978-7-5024-5897-3
北京百善印刷厂印刷；冶金工业出版社出版发行；各地新华书店经销
2012 年 6 月第 1 版，2012 年 6 月第 1 次印刷
787mm×1092mm　1/16；9.25 印张；242 千字；131 页
29.00 元

冶金工业出版社投稿电话：(010)64027932　投稿信箱：tougao@cnmip.com.cn
冶金工业出版社发行部　电话：(010)64044283　传真：(010)64027893
冶金书店　地址：北京东四西大街 46 号(100010)　电话：(010)65289081(兼传真)
（本书如有印装质量问题，本社发行部负责退换）

有色金属行业职业教育培训规划教材
编辑委员会

序

有色金属是重要的基础原材料，产品种类多，关联度广，是现代高新技术产业发展的关键支撑材料，广泛应用于电力、交通、建筑、机械、电子信息、航空航天和国防军工等领域，在保障国民经济和社会发展等方面发挥着重要作用。

改革开放以来，我国有色金属工业持续快速发展，十种常用有色金属总产量已连续7年居世界第一，产业结构调整和技术进步加快，在国际同行业中的地位明显提高，市场竞争力显著增强。我国有色金属工业的发展已经站在一个新的历史起点上，成为拉动世界有色金属工业增长的主导因素，成为推进世界有色金属科技进步的重要力量，将对世界有色金属工业的发展发挥越来越重要的作用。

当前，我国有色金属工业正处在调整产业结构，转变发展方式，依靠科技进步推动行业发展的关键时期。随着我国城镇化、工业化、信息化进程加快，对有色金属的需求潜力巨大，产业发展具有良好的前景。今后一个时期，我国有色金属工业发展的指导思想是：以邓小平理论和“三个代表”重要思想为指导，深入落实科学发展观，按照保增长、扩内需、调结构的总体要求，以控制总量、淘汰落后、加快技术改造、推进企业重组为重点，推动产业结构调整和优化升级；充分利用境内外两种资源，提高资源保障能力，建设资源节约型、环境友好型和科技创新型产业，促进我国有色金属工业可持续发展。

为了实现我国有色金属工业强国的宏伟目标，关键在人才，需要培养造就一大批高素质的职工队伍，既要有高级经营管理者、各类工程技术人才，更要有高素质、高技能、创新型的生产一线人才。因此，大力发展职业教育和职工培训是实施技能型人才培养的主要途径，是提高企业整体素质，增强企业核心竞争力的重要举措，是实现有色金属工业科学发展的迫切需要。

冶金工业出版社和洛阳有色金属工业学校为了适应有色金属工业中等职业学校教学和企业生产的实际需求，组织编写了这套培训教材。教材既有系统的理论知识，又有生产现场的实际经验，同时还吸纳了一些国内外的先进生产工艺技术，是一套行业教学和职工培训较为实用的中级教材。

加强中等职业教育和职工培训教材的建设，是增强职业教育和培训工作实效的重要途径。要坚持少而精、管用的原则，精心组织、精心编写，使教材做到理论与实际相结合，体现创新理念、时代特色，在建设高素质、高技能的有色金属工业职工队伍中发挥积极作用。

中国有色金属工业协会会长 康义

2009年6月

前　言

本书是按照人力资源和社会保障部的规划，参照行业职业技能标准和职业技能鉴定规范，根据有色金属企业生产实际、岗位技能要求以及职业学校教学需要编写的。书稿经人力资源和社会保障部职业培训教材工作委员会办公室组织专家评审通过，由人力资源和社会保障部职业能力建设司推荐作为有色金属行业职业教育培训规划教材。

镁及镁合金由于具有密度小、比强度高、耐冲击、阻尼性和屏蔽性能好、易于回收等一系列优点，其应用领域不断扩大；加之地球上镁资源蕴藏丰富，几乎可以说是“取之不尽，用之不竭”，因此，镁及镁合金被称为新世纪最有发展前途的绿色工程材料。我国是镁产业大国。我国的镁资源储藏量、原镁产量、镁及镁制品出口量稳居全球第一，2010 年我国原镁产量达 65.38 万吨，占全球原镁产量 80% 以上。但是，从总体上看，我国镁及镁合金成型加工技术比较落后，距美国、德国、日本等发达国家还有一定距离。加强基础科学的研究，不断提高镁产业从业人员的整体素质，不断提高我国镁产品的工艺技术水平和质量，将我国由镁产业大国变为产业强国，正是我国镁产业所面临的艰巨任务。

在镁的应用过程中，镁的某些特性为我们出了一些难题。其中最主要的就是金属镁的氧化膜不致密，疏松多孔，镁的标准电极电位为 $-2.37V$，对其他金属均呈阳性，常作为阴极保护系统中的“牺牲”角色。因此，金属镁非常活泼的特性和它较差的耐蚀性成为了我们应用镁的主要瓶颈。面对这一瓶颈，近二十多年来人们经过不懈的努力，并参考其他有色金属的防腐与表面强化的做法，逐渐形成了一套镁合金防腐与表面强化的工艺和技术，这虽然距最后攻克镁合金应用的这一瓶颈还有相当的距离，但为目前镁合金的应用奠定了一定基础。为系统总结镁及镁合金防腐与表面强化的经验，全面梳理镁及镁合金防腐与表面强化生产的工艺和技术，进而推动镁基材料在更广的范围应用，我们编写了本书。

在中国有色金属工业协会镁业分会及有关镁冶炼、加工企业的指导和帮助下，鹤壁职业技术学院材料工程系自 2004 年开始创办了冶金技术（镁业方向）、材料成型与控制技术（镁业方向）等涉镁专业，并成为镁业分会培训基地。根据产业及教学和培训需要，我们编写了镁合金防腐与表面强化方面的教材，并且通过深入企业，不断吸收和总结镁合金防腐与表面强化过程新工艺、技术和经验，对该教材不断进行修订和完善。本书共分 8 章，全面介绍了镁及镁合金的耐蚀行为，阳极氧化、化学转化处理、电镀等镁及镁合金防腐与表面强化的生产工艺与技术，并对镁及镁合金腐蚀的防护研究前景进行了展望。为了便于学习和掌握本书内容，我们在每章后面安排了习题。在编写过程中，我们本着主要面向生产一线，重在应用的指导思想，强调工艺和技术，基本理论以简明够用为度。因此，本书适合作为职业院校、企业培训的教材，也可作为大、中专院校相关专业师生、企事业单位专业技术人员和领导干部等人员的参考读物。

在本书编写过程中，主编、副主编提出编写大纲，提供有关材料并统稿；主审罗大金教授提出了很好的指导意见，并于成稿后进行了审阅。具体编写分工为：高自省：前言、1.1~1.4节；张新海：2.2~2.3节、参考文献；窦明：2.4节、3.1~3.2节；芦用喜：2.1节、4.1~4.5节；王艳珍：5.1~5.3节；吕玉荣：5.4~5.5节、6.1~6.4节；王淑敏：7.1~7.4节、8.1节；王作辉：1.5~1.6节、7.5节；吴帆：8.2~8.3节。

在本书编写过程中，我们借鉴了多位专家学者的成果，尤其参考了许振明、徐孝勉、宋光铃、潘复生、韩恩夏等人的著作或文献资料，在此，向他们表示衷心的感谢。

在本书编写过程中，鹤壁地恩地新材料科技有限公司、鹤壁金山镁业有限公司、鹤壁物华镁加工有限公司、山东华胜荣镁业科技有限公司、山西闻喜银光镁业集团、山西启真镁业有限公司等镁业企业的专业技术人员和一线工人为我们提供了无可替代的帮助，使本教材增色不少。在此，向他们表示衷心感谢。

在本书编写过程中，我院冶金技术（镁业方向）、材料工程技术（镁业方向）、材料成型与控制技术（镁业方向）等专业应聘到全国各地涉镁企事业单位的毕业生，心系母校专业建设，从产学结合的角度，为本教材的编写提供了大量帮助。在此，向他们表示衷心的感谢。

鹤壁职业技术学院开拓了我国高职镁业教育和镁业在职培训的先河。在这个过程中，中国有色金属工业协会镁业分会的吴秀铭、孟树昆、徐晋湘先生及专家组的诸位专家们，鹤壁市镁工业协会的冯用全、王勇、延双鹤先生多次莅临学院，关注我院的镁业教育和镁业在职培训的专业建设，倾注了大量心血，在多方面给予指导、支持和帮助。在此，向他们表示衷心的感谢。

作为一种新兴金属材料，镁及镁合金应用的历史还很短，镁及镁合金防腐与表面强化的工艺与技术还在不断探索和研究之中；随着科技的发展和进步，镁及镁合金防腐与表面强化的工艺与技术发展、提高的空间还非常之大；同时，由于我们各方面水平有限，本书难免存在不足之处，敬请各位专家和读者不吝赐教，以利今后修订和完善。

编　者

2012年1月

目　　录

1　镁及镁合金概述

镁及镁合金的主要特点是密度小和耐蚀性差。镁合金是现代工业用合金中密度最轻的一种合金，它有优异的强度质量比。因此，对于要求减轻质量有重要意义的结构件，如飞机、导弹、卫星上的某些零部件，使用镁合金就非常有利，其在航空航天部门得到了广泛的应用。因为镁的电位非常负，氧化膜疏松多孔，所以抗腐蚀性很差，应用范围受到很大的限制。为了充分利用镁合金密度小的特点，必须不断从合金化、热处理及防护方面寻求提高镁合金耐蚀的途径，这是发展和推广使用镁合金的主要任务。

1.1　金属镁的基本性能

1.1.1　纯镁的物理性能

纯镁的物理性能见表 1-1。

表 1-1　纯镁的物理性能

性　质	温度/℃	数　值	性　质	温度/℃	数　值
原子序数		12	多晶镁泊松比	25	0.35
相对原子质量		24.3	线收缩	20~650	1.9%
熔　点		650℃	液-固收缩	650	4.2%
沸　点		1090℃	比热容 c_p	27	24.86J/(mol·K)
晶体结构	25	密排六方	熵 S	27	32.52J/(mol·K)
c/a		1.6236	焓 H	527	14.1kJ/(mol·K)
密　度	25	$1736kg/m^3$	热导率	27	156W/(m·K)
多晶镁电阻率	20	$4.46\times10^{-8}\Omega\cdot m$	热扩散率	27	$0.874cm^2/s$
多晶镁杨氏模量	25	45GPa	电化学位		-2.37V

1.1.2　纯镁的力学性能

纯镁的力学性能如图 1-1 和图 1-2 所示。

1.1.3　纯镁的化学性能

镁是非常活泼的金属，镁的标准电极电位 $E=-2.37V$，与其他的金属相比电极电位相对较低，即对其他大多数金属呈阳性，因此镁已成为常用工程构件阴极保护系统的牺牲阳极。一般来说，镁是耐碱的，而不耐酸。常温下，氢在镁中的固溶度极小，但随着温度的上升而增加。在常温下，镁即能与空气中的氧形成 MgO 薄膜，该薄膜致密系数很小，所以氧化膜不致密，因此镁不耐腐蚀。在高温下，镁与水反应比与氧反应更为剧烈，当镁熔体与水接触时，会析出大量的氢并放出大量的热，氢与空气中的氧结合形成水后又迅速汽化，往往引起爆炸。

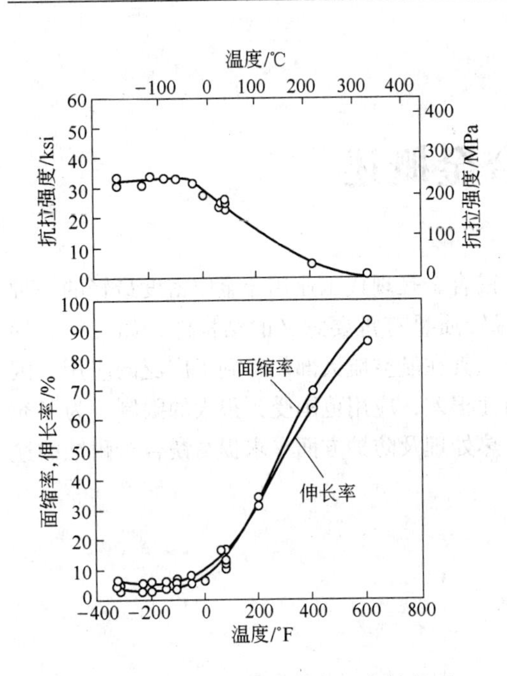

图 1-1 纯镁的拉伸性能与温度的关系

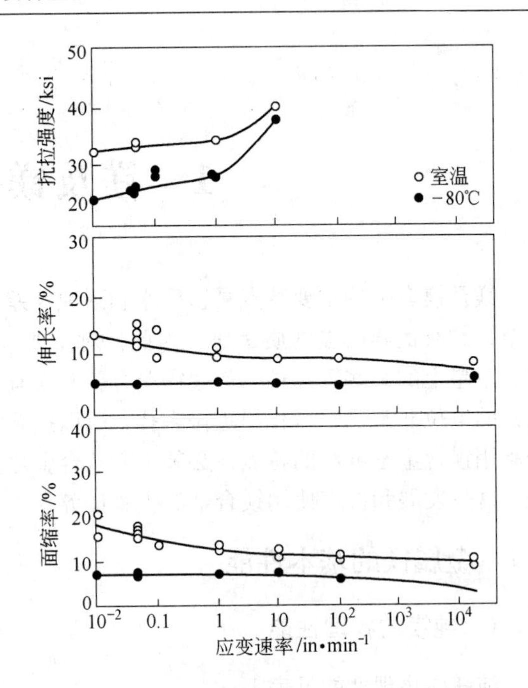

图 1-2 纯镁的应变速率与相关参数的关系

(1ksi = 6.9MPa, 1in = 2.54cm)

1.1.4 纯镁及镁合金的工艺性能

镁是密排六方晶格，室温变形时只有单一的滑移系［0001］，因此镁的塑性比铝的低，各向异性比铝显著。随着温度的升高，镁的滑移系会增多，在 498K 以上发生（1011）面上［1120］方向滑移，从而塑性显著提高，因此镁合金可以在 573 ~ 873K 温度范围内，采用挤压、轧制和锻造成形。此外，镁合金还可以通过铸造成形，且镁合金的压铸工艺性能比大多数铝合金好。

此外，镁容易被空气氧化成热脆性较大的氧化膜，该氧化膜在焊接时极易形成夹渣，严重阻碍焊接缝的形成。镁合金的焊接工艺比铝合金复杂。与其他合金相比，镁合金具有以下特点：

(1) 同铝、锌合金相比，镁合金具有较低的结晶潜热，因此型腔中的金属液能够快速凝固，其速度为 100 ~ 1000℃/s，一般可比铝压铸周期缩短 20% ~ 30%，减少模具磨损。

(2) 镁合金密度只有铝合金的 2/3，在相同的压射压力下，能够获得更高的内浇口压力。

(3) 镁合金与钢或铁亲和力较低，可以减少粘模。除此之外，镁合金的比热容小。因此，模具的使用寿命比压铸铝合金长 2 ~ 3 倍。

(4) 镁合金具有较好的切削加工性能，切削加工速度较铝合金约快 4 倍。

正由于镁合金具有优良的压铸工艺性能，有效地保证了压铸生产效率和质量，在众多领域中获得了广泛的应用。

1.2 世界镁资源概况

镁是地壳中排位第六的富有元素，其蕴藏量为 2.77%。镁同时也是海水中的第三富有元素，约占海水质量的 0.13%。镁有 60 多种矿产品，其中白云石（$MgCO_3 \cdot CaCO_3$）、菱镁矿

($MgCO_3$)、氢氧化镁($Mg(OH)_2$ 或 $MgO \cdot H_2O$)、光卤石($MgCl_2 \cdot KCl \cdot H_2O$)、橄榄石($Mg_2Fe_2SiO_4$)和蛇纹石($3MgO \cdot 2SiO_2 \cdot 2H_2O$)最具商业开采价值。据有关资料介绍，目前全世界已探明的菱镁矿储量为 1.26×10^{10}t，主要储存于十几个国家和地区，具体介绍如下。

1.2.1 菱镁矿主要分布国家

菱镁矿主要分布国家见表1-2。

表1-2 菱镁矿主要分布国家

国 家	储量/Mt	国 家	储量/Mt
阿尔巴尼亚	1.3	巴基斯坦	12
澳大利亚	682	菲律宾	6
奥地利	30	波 兰	12
巴 西	562	罗马尼亚	2
加拿大	64	俄罗斯	2750
中 国	3009	沙特阿拉伯	42
埃 及	5	塞尔维亚	13.8
希 腊	30	斯洛伐克	1240
印 度	245.2	南 非	18
伊 朗	3.3	西班牙	30
哈萨克斯坦	5	土耳其	150
科索沃	8	乌克兰	5
尼泊尔	66	美 国	66
朝 鲜	3000	总 计	12368

注：数据来源于中国非金属矿资讯网。

1.2.2 我国菱镁矿储量分布情况

我国菱镁矿储存及分布情况见表1-3。

表1-3 我国菱镁矿储存及分布情况

地 区	矿区数	已利用矿区数	储量/Mt			MgO 质量分数/%
			A + B + C	D	总 计	
辽 宁	12	6	1137.37	1439.39	2576.76	>46
河 北	2	1	10.00	4.38	14.38	>38
安 徽	1		169.32	3.33	3.33	>43
山 东	4	2	1.74	117.83	287.15	38 ~ 43
四 川	3	1		6.09	7.83	44.02
西 藏	1			57.10	57.10	44.05
甘 肃	2	1		30.87	30.87	38.45
青 海	1		0.50	0.32	0.82	45.37
新 疆	1			31.00	31.00	
全 国	27	11	1318.93	1690.41	3009.34	

注：1. 数据来源于中国非金属矿资讯网；
2. 表中A、B、C、D表示菱镁矿矿产资源级别。

1.2.3 国内外近代镁冶金的发展概况

金属镁从发现到现在已经历了200多年的历史（1808~2012年），工业生产已有126年的历史（1886~2012年），在这126年的发展与生产实践中，完成了以各种镁矿为原料（菱镁矿、海水、盐湖卤水、蛇纹岩、光卤石）的脱水、氯化及电解制镁的理论与实践，及以白云石为原料的内热法、外热法与半连续熔渣导电的硅热法炼镁的理论与实践。20世纪80年代至21世纪初，在各种镁冶炼的方法上（电解法与硅热法）出现了许多高新技术，世界镁业发生了巨大变化，尤其是在镁合金材料工业的迅速发展下，进一步推动了镁工业的发展。在20世纪90年代末到21世纪，金属镁作为"时代金属"展现在冶金工业上，成为有色金属中的佼佼者。由于金属镁在民用市场（汽车工业、精密机械工业、结构材料工业、电化学工业）和空间技术的应用具有很大的优越性和独特性，因而推动了镁的平稳增长。近年来，全世界镁的生产及消费动向朝着有利的方向发展，尽管其市场竞争激烈，但镁的消费仍在逐年上升。世界镁业的不断发展，同时镁的消费增长迅速，镁的市场非常活跃，呈现出消费与生产上升的好势头。表1-4和表1-5为不同年代世界各地区原镁产量。

表1-4 20世纪80年代世界各地区原镁产量 (kt)

年 份	地 区				
	美国和加拿大	拉丁美洲	西 欧	亚洲及大洋洲	总 计
1984	152.8	1	71.6	6.7	232.1
1985	142.9	2	80.8	8.2	233.9
1986	130.7	3.7	81.4	8.1	223.9
1987	133.2	5.2	84	7.9	230.3
1988	149.6	5.8	76.2	9.6	241.2

表1-5 2003~2011年世界各国原镁产量 (kt)

年 份	国 家					
	中 国	美 国	加拿大	俄罗斯	以色列	全 球
2003	341.8	25.0	35.0	40.0	26.0	490.8
2004	442.4	43.0	54.0	35.0	28.0	633.4
2005	450.8	43.0	58.0	38.0	28.0	657.8
2006	519.7	43.0	47.0	36.0	28.0	708.7
2007	624.7	43.0	16.0	28.0	30.0	776.7
2008	630.7	43.0	2.0	35.0	35.0	777.7
2009	500.8	—	—	—	—	—
2010	653.8	—	—	—	—	—
2011	660.6	—	—	—	—	—

注：数据来源于中国有色金属工业协会镁业分会。

1988年世界镁产量（均为年产量计，以下同）为241.2kt，与1984年的232.1kt相比较，增长4%；2003年世界镁产量与1988年相比，增长203%。中国从20世纪80年代镁的产量仅10kt，增加到2011年的660.6kt，其产能达1Mt以上。

2000~2011年世界镁消费的增长变化情况见表1-6。表1-6的数值表明，从21世纪初开始，几年间镁的消费量逐年增长，2011 年我国镁消费量为 2000 年的 10 倍以上。

表 1-6　2000～2011 年世界镁消费的增长变化情况　(kt)

年份	国家		年份	国家	
	中国	发达国家		中国	发达国家
2000	25.5	366.9	2006	156.5	520.0
2001	30.4	329.5	2007	263.0	560.0
2002	40.1	365.0	2008	158.0	—
2003	51.2	387.0	2009	172.0	—
2004	70.5	403.0	2010	232.0	—
2005	105.5	430.0	2011	276.8	—

注：数据来源于中国有色金属工业协会镁业分会（发达国家不含俄罗斯）。

1.2.4　我国镁工业

20 世纪 80 年代，我国仅有抚顺铝厂镁分厂、青海民和镁厂、包头光华镁集团公司生产金属镁，总产量不足 10kt，而且采用菱镁矿直接氯化生产无水氯化镁的电解工艺，因此生产成本高，环境保护条件差。20 世纪 80 年代末至 90 年代初为了满足地方上对金属镁的需求，兴建了许多中小型硅热法炼镁厂（即皮江法镁厂），使我国金属镁的产量不仅能满足国内市场的需求，而且部分金属镁还销往国际市场。

20 世纪 90 年代，我国金属镁的发展非常迅速，但市场镁价低迷。直到 21 世纪初，我国的镁工业仍是在欧美反倾销的困境下生存，致使少数镁厂难以承受企业的减产而被迫停产。但大多数企业面对困境仍然致力于增强企业自身的竞争力，挖潜、改造、增产或企业重组实现规模经营；加强企业自身管理，重视技术进步，实现节能降耗，降低产品成本；有的改善产品品种结构和提高产品质量；也有少数企业引资，寻求新的发展，使我国的金属镁在近几年仍然保持着高的产能、产量和出口量，在技术经济指标、新产品开发、新设备的应用与综合利用等方面都取得了新的进展，在环保治理方面也初见成效。我国镁冶炼企业坚持走自主创新之路，采用清洁能源和蓄热式高温空气燃烧技术，部分企业走上循环经济之路，提高了企业竞争力；大力开发镁深加工产品，推动了产业结构优化升级。主要表现在：

（1）我国金属镁的产能、产量持续大幅度增长。2011 年，我国 3 个主要生产金属镁的地区的产能及产量见表 1-7。

表 1-7　2011 年三省镁的产能及产量

序号	地区	厂家数	产能		产镁量	
			产能合计/kt	占全国比例/%	产量合计/kt	占全国比例/%
1	山西	20	620	39.17	329.2	49.36
2	陕西	38	665	42.00	253.9	38.43
3	宁夏	6	153	9.67	37.8	5.67

注：数据来源于中国有色金属工业协会镁业分会。

表 1-7 中 64 家厂家的统计产能为 1438kt，产镁量为 620.9kt。

（2）扩大经营规模，卓有成效。有些企业，不仅拥有一定的生产规模，而且还有一定的市场竞争能力（见表 1-8）。

表 1-8　2011 年中国原镁冶炼部分企业产量　　(kt)

名　次	企　业　名　称	产　能	产　量
1	太原市同翔金属镁有限公司	60	40
2	太原易威镁业有限公司	60	34
3	山西银光华盛镁业股份公司	80	58.4
4	宁夏惠冶镁业集团有限公司	70	49.9
5	山西闻喜县八达镁业有限公司	50	28
6	山西闻喜县瑞格镁业有限公司	50	32
7	山西闻喜宏富镁业有限公司	25	15.6
8	山西五台云海镁业有限公司	30	21
9	陕西神木东风镁业有限公司	20	18
10	山西美锦镁合金科技有限公司	25	18.3

注：数据来源于中国有色金属工业协会镁业分会。

表 1-8 表明，产能在 10kt 以上的已有多家企业，总产量达 303kt 以上。由于扩大了经营规模，因此也取得了较好的经济效益。

（3）重视技术进步，改善了技术经济指标。我国金属镁的生产有电解法与硅热法两种工艺。2000 年 8 月成功地以盐湖光卤石为原料，自行研究了光卤石脱水熔融氯化制取无水光卤石熔体，在无隔板电解槽中电解的制镁工艺。沸腾炉日产脱水料 150t，氯化器日产无水光卤石 120t，平均吨镁总电耗下降 1500kW·h，吨镁副产氯气 1.6～2t，取代外供液氯，使吨镁成本下降 15%。利用盐湖光卤石脱水炼镁工艺，可以改善环保，为我国西部综合利用盐湖资源炼镁提供了一条可行的途径。

传统还原炉用固体煤炭作燃料，其废气排放带走的热量通常占燃料燃烧热量的 60% 以上，为解决这一浪费能源又污染环境的问题，近两年，国内有半数以上炼镁企业利用了经过洗涤处理的清洁的焦炉煤气（或半焦煤气、发生炉煤气）等气体燃料作炼镁能源。有的同时采用蓄热式高温空气燃烧技术和余热利用技术，大幅提高烟气余热回收的效率，它使助燃空气预热到了与炉膛温度接近的高温（1150℃），而排烟温度则降至 100℃左右，使烟气带走的热损失由 60% 降为 5% 左右，从而提高了还原炉热效率，相比传统还原炉节能 40% 左右。蓄热式还原炉解决了镁冶炼行业当前能源紧张的关键问题，是解决硅热法炼镁能耗高的有效途径；同时清洁气体燃料是经过环保处理的，减少了有害气体排放，因此，采用清洁能源既节能又环保，为企业带来可观的经济效益。

（4）镁制品品种已形成规模。镁制品品种主要包括镁合金、镁牺牲阳极合金、镁粉、钝化镁、盐覆镁粒等。为了适应市场需求，2007 年镁合金产量达 226.2kt，同比增长 7.20%；镁粒（粉）产量 110.8kt，同比增长 11.24%，见表 1-9。

表 1-9　2004～2011 年中国镁产品产量　　(kt)

年　份	原镁(锭)产量	镁合金产量	镁粒(粉)产量	年　份	原镁(锭)产量	镁合金产量	镁粒(粉)产量
2004	442.4	135.8	91.3	2008	630.7	211.1	138.8
2005	450.8	175.1	86.2	2009	500.8	163.6	111.3
2006	519.7	211.0	120.4	2010	653.8	209.6	142.8
2007	624.7	226.2	110.8	2011	660.6	239.2	124.2

注：数据来源于中国有色金属工业协会镁业分会。

国内13所研究机构及高校在镁合金熔炼、阻燃、成型、表面处理及回收再生等方面展开了系统而深入的研究，取得了很多成果，为中国镁及镁合金的开发应用奠定了技术基础。如上海交通大学，校内设研发中心，校外在九亭建成有中试生产基地，承担工程化和产业化示范服务，他们把自己研制的多种新型镁合金和多种新工艺相结合（见表1-10），生产了军工及民用等几十种产品，在国防、汽车工业领域产生了巨大效益；还研制了3种具有自主知识产权的汽车动力系统用耐热镁合金——具有良好的高温强度和高温抗蠕变性能，可以在250℃以下温度长期工作，目前正与国外某著名汽车公司合作，用于汽车发动机缸体，见表1-10。

表1-10 上海交通大学研制的新型镁合金和生产的军工及民用产品

合 金	工 艺	典型产品
高强度铸造镁合金	涂层转移+砂型低压铸造	航天、军工产品
	金属型重力铸造	汽车轮毂
	挤压铸造	发动机支架
高强度变形镁合金	等温锻造	发动机舱体
	挤压铸造	发动机支架
耐热镁合金	砂型低压铸造	发动机气门室罩
	高压压铸	汽车传动部件
	真空压铸	空调压缩机端盖
高温镁合金	砂型低压铸造	直升机机匣
高塑性镁合金	等温轧制	镁合金板材
	差温拉伸	镁合金冲压件
阻燃镁合金	高压压铸	3C产品
高阻尼镁合金	砂型铸造	镁合金减振部件

1.3 镁合金的分类

1.3.1 镁合金的分类方式

镁合金可分为铸造镁合金（ZM）和变形镁合金（MB）两大类。铸造镁合金比变形镁合金使用得更多，它是航空工业应用最广泛的一种轻合金。用镁合金铸件代替铝合金铸件，在强度相等的条件下，可使工件的质量减轻25%～30%。

按合金主要成分的不同，变形镁合金可分为下列合金系：Mg-Mn系、Mg-Al-Zn系、Mg-Zn-Zr系、Mg-稀土系、Mg-Th系、Mg-Li系。

各种镁合金的腐蚀特性不同，变形镁合金按其应力腐蚀开裂倾向，可分成两大类：

（1）无应力腐蚀倾向的合金。属于这类的合金有Mg-Mn合金、Mg-Mn-Ce合金和Mg-Zn-Zr合金。

（2）有应力腐蚀倾向的合金。属于这类的合金主要是Mg-Al-Zn合金。

铸造镁合金按其性能可分为：标准类铸造镁合金、高强度类铸造镁合金和耐热类铸造镁合金。

1.3.2 镁合金的牌号和化学成分

表1-11为我国变形镁合金牌号及其主要成分，表1-12为我国铸造镁合金牌号及其主要成

分，表 1-13 为我国和俄罗斯、美国变形镁合金牌号对照表。

表 1-11　我国变形镁合金牌号及其主要成分

合金牌号	主要成分/%					
	Al	Mn	Zn	Ce	Zr	其　他
MB1		1.3～2.5				
MB2	3.0～4.0	0.15～0.5	0.2～0.8			
MB3	3.5～4.5	0.3～0.6	0.8～1.4			
MB5	5.5～7.0	0.15～0.5	0.5～1.5			
MB6	5.0～7.0	0.2～0.5	2.0～3.0			
MB7	7.8～9.2	0.15～0.5	0.2～0.8			
MB8		1.5～2.5	0.3	0.15～0.35		
MB15			5.0～6.0		0.3～0.9	
MB14		1.4～2.2		2.5～3.5		2.5～4.0 Na
MB12		1.5～2.5				0.1～2.5 Ni

表 1-12　我国铸造镁合金牌号及其主要成分

合金牌号	主要成分/%						
	Al	Mn	Zn	Si	Zr	RE	Ag
ZM1（ZMgZn5Zr）			3.5～5.5		0.5～1.0	—	—
ZM2（ZMgZn4RE1Zr）			3.5～5.0		0.5～1.0	0.75～1.75	—
ZM3（ZMgRE3Zn1Zr）			0.2～0.7		0.4～1.0	2.5～4.0	
ZM4（ZMgRE3Zn2Zr）			2.0～3.0		0.5～1.0	2.5～4.0	
ZM5（ZMgAl8Zr）	7.5～9.0	0.15～0.5	0.2～0.8	0.3	—	—	—
ZM6（ZMgRE2ZnZr）			0.2～0.7		0.4～1.0	2.0～2.8	
ZM7（ZMgZn8AgZr）			7.5～9.0		0.5～1.0	—	0.6～1.2
ZM10（ZMgAl10Zn）	9.0～10.2	0.1～0.5	0.6～1.2	0.3	—	—	—

表 1-13　中国和俄罗斯、美国变形镁合金牌号对照

中国（YB）	MB1	MB2	MB3	MB5	MB6	MB7	MB8	MB14	MB15	ZM5	ZM10
俄罗斯（ГОСТ）	MA1	MA2	MA2-1	MA3	MA4	MA5	MA8	BM17	MB65-1	MJ15	MJ16
美国（ASTM）	A1M1A	AZ31B		AZ61A	AZ63A	AZ80A			ZK60A	AZ81A AZ91C	AM100A

1.4　镁及镁合金的耐蚀性

1.4.1　纯镁的耐蚀性

1.4.1.1　电化学特性

镁的平衡电位为 -2.37V，比铝的电位还负。镁在常用介质中的电位也都很低，如在

0.5mol/L 的 NaCl 溶液中的稳定电位为 -1.45V，在海水中的稳定电位为 -1.5 ~ -1.6V，都是工业合金中最负的。加之镁的氧化膜疏松多孔（质量比 MgO/Mg = 0.81），所以镁及镁合金耐蚀性较差，呈现出极高的化学和电化学活性。因此镁及镁合金无论在加工、库存还是使用过程中，对其表面通常要施加一定的保护措施。镁及镁合金在电化学腐蚀过程中主要以析氢为主，以点蚀或全面腐蚀形式迅速溶解，直至粉化。

介质的 pH 值对镁的电位有很大的影响，如图 1-3 所示，pH 值在 3 ~ 11.5 之间，电位基本保持不变。pH < 3 时，电位急剧降低，腐蚀速率也急剧增加，镁在中性和酸性溶液中容易遭受到腐蚀。当 pH > 11.5 后，电位升高，腐蚀速率相应降低，所以可用于耐碱的材料。

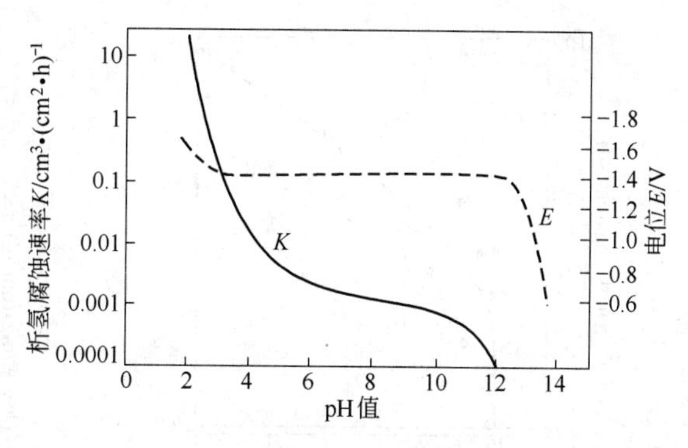

图 1-3 镁的电极电位及腐蚀速率和 pH 值的关系

1.4.1.2 杂质的影响

纯镁中杂质很多，最有害的是 Fe、Ni、Cu、Co 等。Fe 不能溶于固态镁中，以金属 Fe 形式分布于晶界，降低镁的耐蚀性能；Ni、Cu 等在镁中溶解度极小，常和镁形成 Mg_2Ni、Mg_2Cu 等金属间化合物，以网状形式分布于晶界，降低镁的耐蚀性能，如图 1-4 ~ 图 1-6 所示。由图可见，当 Fe 和 Ni 的质量分数大于 0.016%，Cu 的质量分数大于 0.15% 时，都急剧加速镁的腐蚀。Fe、Ni、Cu 对镁形成这种腐蚀的特性，一方面是因为 Mg 的平衡电位和稳定电位非常负，另一方面还因为 Mg 有负差异效应。因此，为了提高镁及其合金的耐蚀性，必须控制镁及镁合金中 Fe 和 Ni 的质量分数不大于 0.016%、Cu 的质量分数不大于 0.15%。同样，当镁或镁合金和这类正电性金属相接触时，也具有较大的负差异效应，而产生严重的接触腐蚀。

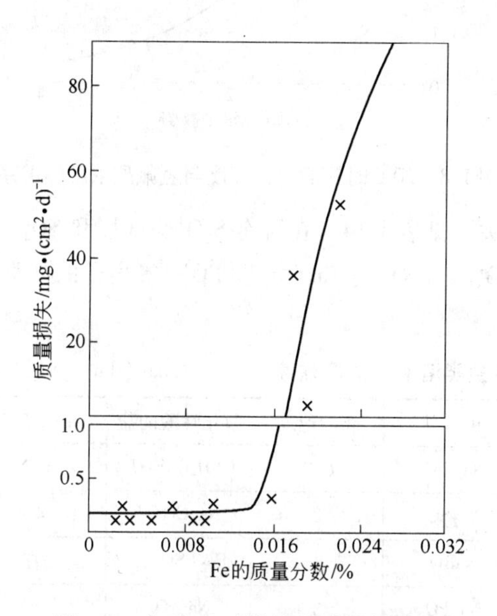

图 1-4 杂质 Fe 对镁的耐蚀性的影响

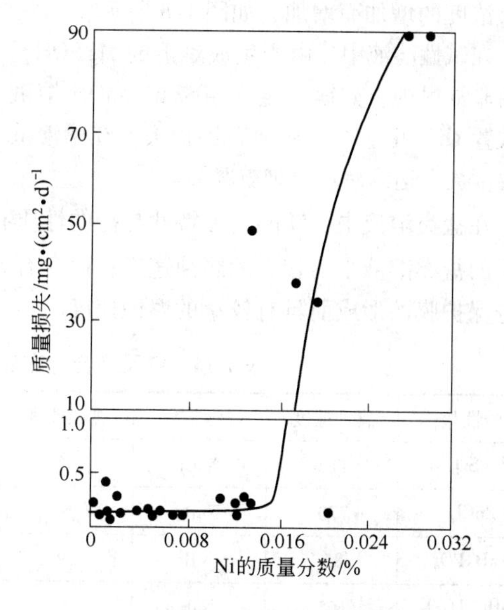

图 1-5 杂质 Ni 对镁的耐蚀性的影响

其他添加元素和杂质对镁的腐蚀速度的影响如图 1-7 所示。除 Fe、Ni、Co、Cu 急剧增加镁的腐蚀速度外，Ag、Ca、Zn 等元素对镁的腐蚀速度影响中等，Mn、Al 等元素对镁的腐蚀速度影响较小。

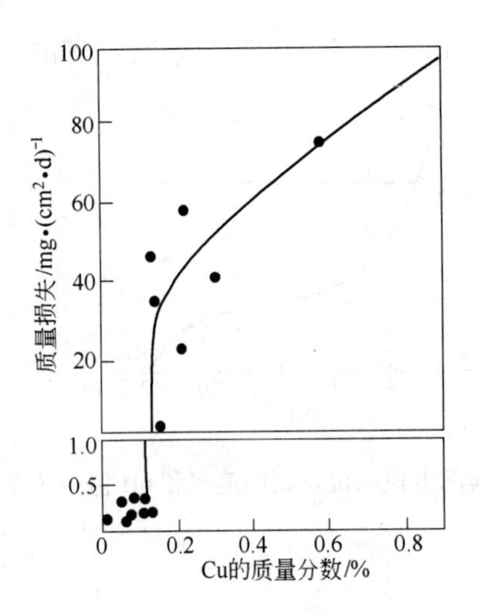

图 1-6　杂质 Cu 对镁的耐蚀性的影响

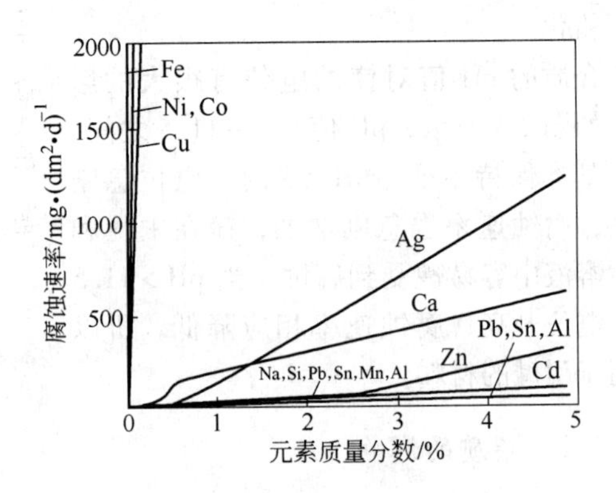

图 1-7　合金元素对镁在 3% NaCl 溶液中腐蚀的影响（室温）

1.4.1.3　在各种介质中的腐蚀

镁在绝大多数的无机酸和有机酸以及中性介质中都是不耐蚀的，而且腐蚀速度一般都很快。但在铬酸、磷酸和氢氟酸中例外，在铬酸中镁处于钝化状态，在氢氟酸中因生成溶解度很小的 MgF_2 保护膜而耐蚀，且其耐蚀性随氢氟酸浓度的增加而增加，如图 1-8 所示。

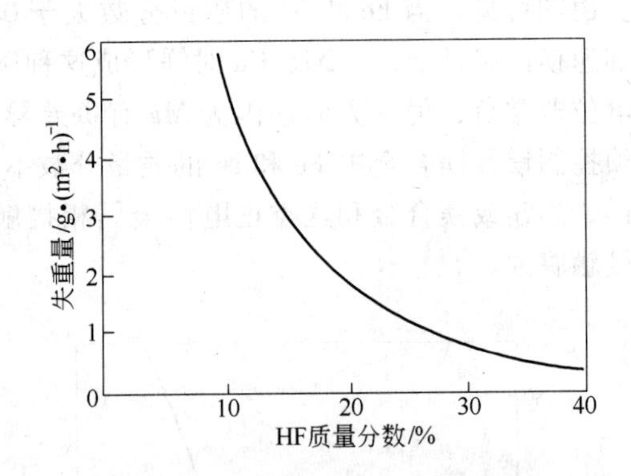

图 1-8　20℃时镁的腐蚀速度与氢氟酸浓度的关系

在碱性溶液中，由于生成难溶的 $Mg(OH)_2$ 膜而非常耐蚀。如镁合金在 40% 的 NaOH 溶液中放置 1h，几乎不受任何腐蚀损失，在稀溶液中温度甚至达到沸点也难被腐蚀。

在盐类溶液中，镁的腐蚀特性与盐的性质有关，见表 1-14。在含有 $S_2O_6^{2-}$、Cl^- 和 SO_4^{2-} 等离子的盐类溶液中有较大的腐蚀速度；而含有 SiO_3^{2-}、CrO_4^{2-}、$Cr_2O_7^{2-}$ 和 PO_4^{3-} 等离子的盐类能促进保护膜的形成而具有较小的腐蚀速度。

表 1-14　镁及镁合金在各种盐类溶液中的腐蚀速度　　（mg/(dm² · d)）

酸性盐	腐蚀速度	中性盐	腐蚀速度	碱性盐	腐蚀速度	氧化性酸的盐	腐蚀速度
$Al_2(SO_4)_3$	112	NaCl	14	Na_2SiO_3	0.7	$(NH_4)_2S_2O_6$	465
$ZnCl_2$	770	NaBr	6	Na_2SO_3	2	$Na_2Cr_2O_7$	4
NaH_2PO_4	85	NaI	29	$NaBO_2$	5	$Fe_2(SO_4)_3$	297
$NaHC_4H_4O_6$	155	NaF	3	Na_3PO_4	3	$NaCrO_4$	2

续表 1-14

酸性盐	腐蚀速度	中性盐	腐蚀速度	碱性盐	腐蚀速度	氧化性酸的盐	腐蚀速度
		Na_2SO_4	8			$NaClO_2$	59
		$NaNO_3$	5			$Na_4P_2O_7$	51
						$Ca(ClO)_2$	155
						NaClO	5
						$NaIO_3$	40

镁在许多有机介质，如甲醚、乙醚、乙醇、丙酮、石油、汽油和芳香族化合物等中稳定，不受腐蚀。

镁在大气中腐蚀的阴极过程主要是氧的去极化（与在溶液中不同），因此，杂质的危害性降低了。因而纯镁在大气中的耐蚀性取决于大气的湿度及其污染程度。腐蚀速度随湿度的增加而增加，湿度超过90%，腐蚀速度将显著增加。大气受到污染，如大气中含有硫化物和氯化物等，会促进镁的腐蚀。所以，镁在工业大气和海洋大气中是不耐蚀的，但镁在干燥的空气中是稳定的。

1.4.2　Mg-Mn 系合金的耐蚀性

镁中添加1.3% ~2.5%的 Mn 便构成了 Mg-Mn 合金（MB1），在 Mg-Mn 合金的基础上再添加0.15% ~0.35%的 Ce 便构成了 Mg-Mn-Ce 合金（MB8）。MB1 和 MB8 一般通称为 Mg-Mn 系合金。

Mg-Mn 系合金是一种不可热处理强化的合金。退火是它唯一的热处理形式，其强度为200 ~250MPa。Mn 在 Mg 中的溶解度很小，400℃时约为0.25%，在200℃时几乎等于零。由于 Mg 与 Mn 不形成化合物，因此所加的 Mn 实际上是以纯 Mn(α-Mn) 形式存在的，而且在合金中常常容易产生聚集，形成 Mn 偏析。因此，随着 Mn 含量的递增，合金的塑性下降，如当 Mn 含量自0.4%增加到2.5%时，伸长率由5%下降到3%。

合金系中加入 Mn，主要是为了改善合金的耐蚀性能。如图1-9所示，当 Mn 的质量分数为1.5%时，可以获得最佳的耐蚀性能。Mn 在镁中之所以能提高合金的耐蚀性能，主要是因为在熔炼过程中，Mn 与 Fe 能生成比较大的 Fe-Mn 化合物而沉积于熔体底部，从而减轻了杂质铁对腐蚀性的有害影响，如图1-10所示，由于 Mn 的加入，减轻了 Fe 的有害作用，合金的耐蚀性能得到了极大的改善。鉴于这一原因，在所有的镁合金中都加入少量的 Mn。但是，Mn 在镁合金中有偏析现象，过量的 Mn 反而会造成合金耐蚀性和塑性下降。

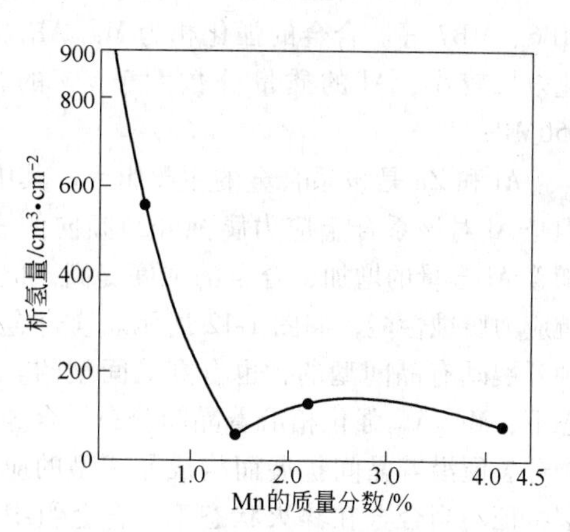

图1-9　锰含量对 Mg-Mn 合金在海水中耐蚀性能的影响

Mg-Mn 合金没有应力腐蚀开裂倾向，和一般镁合金一样，也没有晶间腐蚀倾向。Mg-Mn 合金是镁合金中耐蚀性能最好的一种合金。

另外，Mg-Mn 合金还有优良的抗化学氧化性能、焊接性能和加工性能。因此，Mg-Mn 合金一般用作强度要求不高而耐蚀性能需要优良的零部件。

Mg-Mn 合金中添加少量的 Ce，起到了细化晶粒和提高耐热性的作用，对合金的强度（约为 250 ~ 290MPa）可以稍有提高。Ce 在镁合金中生成了 Mg_9Ce 化合物，其性硬而脆。

Mg-Mn-Ce 合金（MB8），由于 Ce 的加入，耐蚀性和耐热性均比 MB1 要好些，但其腐蚀特性（按析氢量考察）基本上和 MB1 相当，如图 1-11 所示。它也没有应力腐蚀开裂的倾向，并有良好的氧化着色性能。

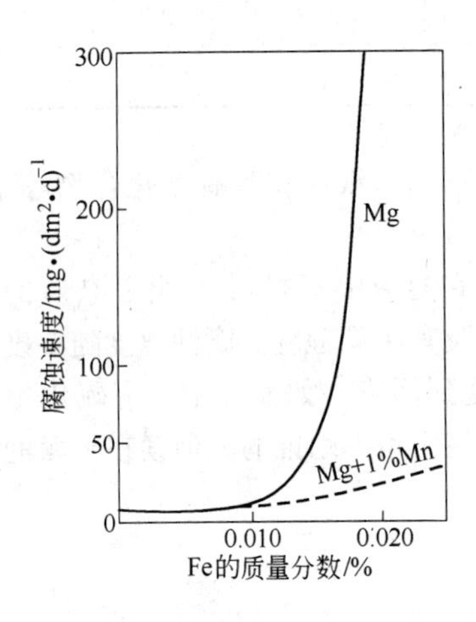

图 1-10　杂质 Fe 对纯镁(99.998%)及 Mg-Mn 合金在 3% NaCl 溶液中腐蚀速度的影响

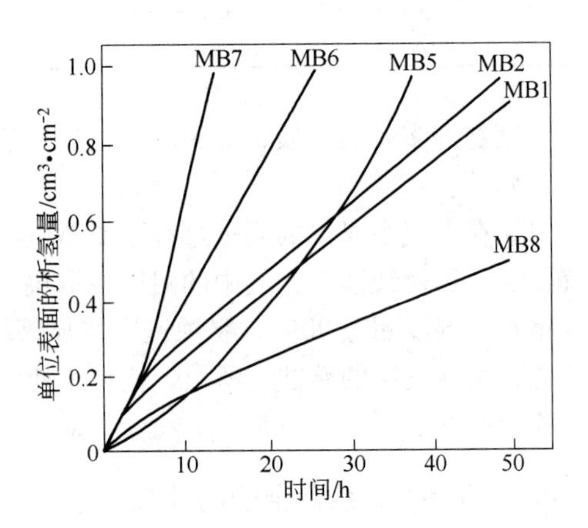

图 1-11　几种镁合金在 0.5% NaCl 溶液中的腐蚀速度

1.4.3　Mg-Al-Zn 系合金的耐蚀性

Mg-Al-Zn 系合金是发展最早，应用较广的镁合金。和其他镁合金一样，也含有少量的 Mn，所以也称为 Mg-Al-Zn-Mn 合金。它的主要特点是强度高，能够进行热处理强化，但该系合金的耐蚀性较差，它具有应力腐蚀开裂的倾向。

Mg-Al-Zn 系合金随着 Al 含量的不同，可以组成不同牌号的合金，如 MB2、MB3、MB5、MB6、MB7 等。合金的强化相为 $Mg_{17}Al_{12}$。一般地说，Al 的质量分数小于 7% 的合金，其强化效果较小；Al 的质量分数大于 7% 的合金才有较明显的强化效果。合金强度为 250 ~ 350MPa。

Al 和 Zn 是该系合金的主要组元。其中 Zn 对 Mg-Al-Zn 合金应力腐蚀开裂倾向影响较小，但是 Al 对该系合金应力腐蚀开裂倾向的影响较大。随着 Al 含量的增加，合金的强度提高，但显著降低抗应力腐蚀性能，如图 1-12 所示。镁合金的应力腐蚀开裂既有晶间型的，也有穿晶间型的。在退火状态下，$Mg_{17}Al_{12}$强化相沿着晶间分布，合金的应力腐蚀开裂便沿着晶间扩展而构成晶间型的应力腐蚀开裂特征。当合金在淬火状态下，合金组织为均一固溶体，晶间没有强化相 $Mg_{17}Al_{12}$ 析出，腐蚀开裂便构成穿过晶粒的晶内型应力腐蚀开裂特征。关于镁合金晶内型应力腐蚀开裂可以解释为 FeAl 相沉淀在晶粒内部的晶面上而构成了腐蚀通道。

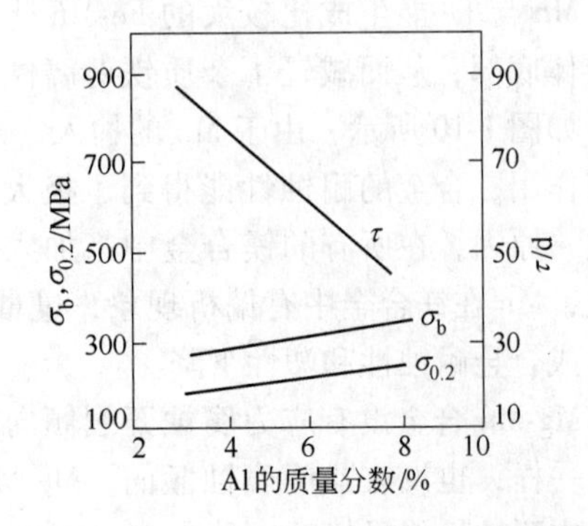

图 1-12　Al 含量对 Mg-Al-Zn-Mn 合金力学性能及应力腐蚀开裂倾向的影响

Mg-Al-Zn 合金在盐溶液中，甚至在自来水中都可以有应力腐蚀开裂的倾向。腐蚀介质对镁合金的应力腐蚀开裂有着明显的影响，尤其是阴离子对应力腐蚀开裂的寿命影响较大。在无应力状态下，合金在不同阴离子介质中的腐蚀速度的顺序为 $Cl^- > SO_4^{2-} > NO_3^- > Ac^- > CO_3^{2-}$；在应力状态下，合金有应力腐蚀开裂倾向，各阴离子对其影响的顺序为 $SO_4^{2-} > NO_3^- > CO_3^{2-} > Cl^- > Ac^-$。随着 Cl^-浓度的增大，应力腐蚀开裂的寿命缩短，并且在含有一定量 CrO_4^{2-} 的氯化物溶液中，合金应力腐蚀开裂的寿命更为缩短。这是因为铬酸盐是一种氧化剂，当它的含量不足以使镁合金表面全部钝化时，还会剩下一部分未钝化的区域，这些区域便可以构成腐蚀的核心部位而加速合金的应力腐蚀开裂。图 1-13 所示为不同 NaCl 浓度的溶液中添加不同量的铬酸钾时 MB5 合金的应力腐蚀寿命。从图中可以看到，当 NaCl 浓度为 35g/L 时，添加浓度约 20g/L 铬酸钾时应力腐蚀寿命最短。因此，这种介质常常用作镁合金快速应力腐蚀开裂试验的介质。除此以外，其他浓度的 NaCl 溶液也可以作为应力腐蚀的试验介质。

pH 值对镁合金应力腐蚀开裂寿命也有着较大的影响。图 1-14 所示为 Mg-Al-Zn 合金在 35g/L NaCl + 20g/L K_2CrO_4 溶液中添加 HCl 和 NaOH 调整为不同 pH 值时对应力腐蚀开裂寿命的影响。在酸性介质中，镁合金的应力腐蚀开裂寿命较短；在 pH 值为 5 ~ 12 之间时，应力腐蚀寿命基本保持不变；当 pH > 12 时，应力腐蚀寿命显著延长，这可以解释为在镁的表面生成了难溶的 $Mg(OH)_2$ 膜。

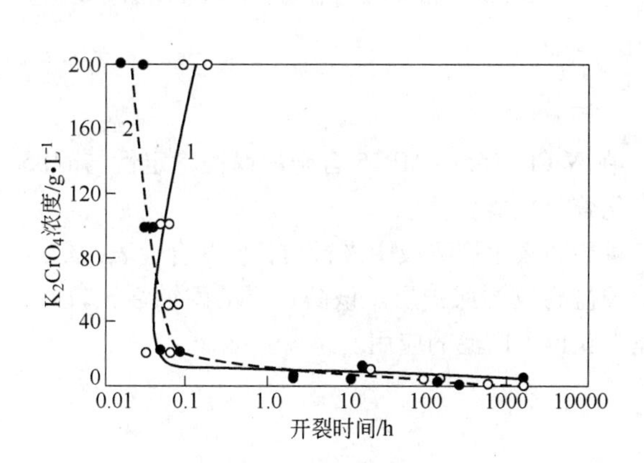

图 1-13 MB5 合金在不同 NaCl + K_2CrO_4 浓度溶液中的应力腐蚀开裂寿命
1—35g/L NaCl；2—200g/L NaCl

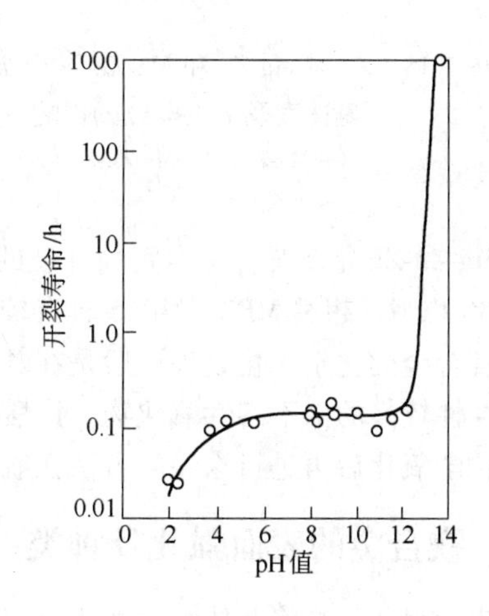

图 1-14 Mg-Al-Zn 合金（6.5% Al + 1% Zn + 0.2% Mn）在 35g/L NaCl + 20g/L K_2CrO_4 溶液中 pH 值对应力腐蚀开裂寿命的影响

Mg-Al-Zn 系合金的氧化着色性能较差。由于合金中分布着一些 $Mg_{17}Al_{12}$ 化合物的小质点，因此易于形成小白点而使氧化膜色泽不均匀。

1.4.4 Mg-Zn-Zr 合金的耐蚀性

Mg-Zn-Zr 合金在我国目前只有 MB15 一个合金牌号，是工业变形镁合金中强度最高、综合性能好、应用广泛的结构合金，由于 Zn 在 Mg 中的溶解度随温度的变化较大，是一种可热处理强化的合金。

Zn 是 Mg-Zn-Zr 合金的主要强化元素，其强化相为 MgZn。当 Zn 的质量分数为 5% ~ 6%

时，合金的强度最大。合金的强度约为 310～350MPa。随 Zn 含量增加，合金的耐蚀性降低，如图 1-15 所示。与镁合金中的其他强化相（如 $Mg_{17}Al_{12}$）一样，强化相 MgZn 也是一个阴极相。

Zr 的作用是细化晶粒并提高强度，当 Zr 的质量分数为 0.6%～0.8%时，具有最大的细化晶粒和提高强度的作用。Zr 还显著提高合金的耐蚀性能，如图 1-16 所示，其原因可能是提高了氢的过电位。

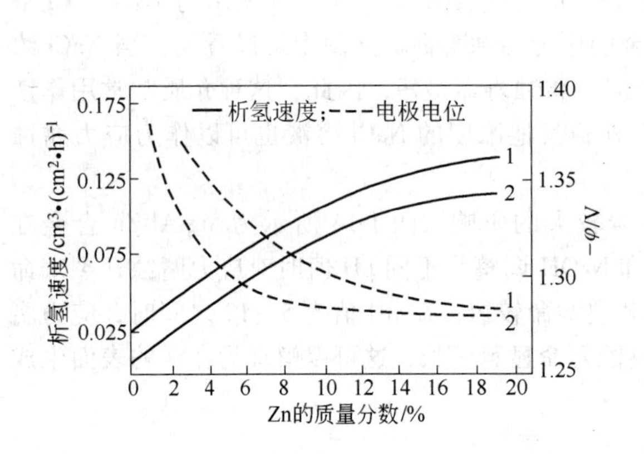

图 1-15　Zn 对 Mg-Zn 和 Mg-Zn-Zr 合金腐蚀析氢速度及电极电位的影响

1—Mg-Zn；2—Mg-Zn-Zr

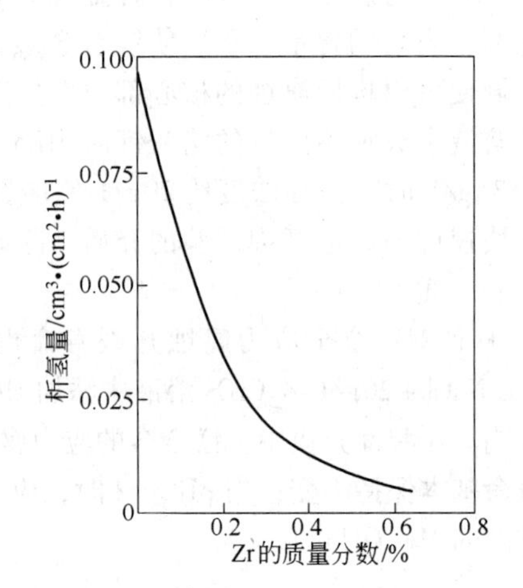

图 1-16　Zr 对镁合金腐蚀析氢速度的影响

Mg-Zn-Zr 合金没有应力腐蚀开裂的倾向。在 NaCl 溶液中 MB15 合金的腐蚀稳定性与 MB5 和 MB6 相当，超过 MB7。MB15 具有较好的氧化着色性能。

镁合金的化学氧化处理一般是在含铬酸、磷酸和氟化物溶液中进行的，使镁合金表面形成了抗蚀性较高的由不溶性氧化物、铬酸盐、磷酸盐构成的保护层。该防护层的耐蚀性比较好，所以化学氧化后再进行涂漆的方法在航空工业中获得了广泛的应用。

1.5　镁合金的表面强化及种类

表面强化是指将基体金属的表面经过各种方法处理（机械的、化学的、电化学的、物理的等），在基体上形成新的表面层。这层新表面是人们预先设计所需要的，因此，基体金属的状态是否适合表面处理的要求是很重要的。在电镀行业，表面处理通常有表面调整（磨光、抛光、喷砂等）、表面净化（脱蜡、除油、清洗）、表面转化膜处理（化学氧化、电化学氧化、化学钝化、磷化等）、金属着色、电镀和有机涂料涂装（阳极电泳涂漆、阴极电泳涂漆、静电喷漆和喷粉等）。

工业纯镁的室温塑性很差，如纯镁单晶体的临界切应力只有 4.8～4.9MPa，此外，纯镁多晶体的强度和硬度也比较低，不能直接用作结构材料。通过采用形变硬化、晶粒细化、合金化、热处理、镁合金与陶瓷相复合等多种方法或这些方法的综合运用，镁的力学性能会得到大幅度改善。国内外在镁及其合金的强化方面进行了大量的研究，并取得了积极的成果。目前，已应用于镁合金的强化处理方法主要有合金化强化、热处理强化、复合强化和结晶强化。在这些强化处理方法中，以合金化强化为最基本、最常用和最有效的强化处理方法，其他方法均建立在合金化强化的基础上。

镁合金作为镁的合金化产品是目前应用最广泛的镁基材料，因此镁合金强化的关键是选择合适的合金元素。考虑到镁的合金化一般都是利用固溶强化、沉淀强化和弥散强化来提高合金的常温和高温力学性能，因此其合金化设计应从晶体学、原子的相对大小、原子价以及电化学因素等方面进行考虑。选择的合金化元素应在镁基体中有较高的固溶度，并且随温度变化有明显变化，在时效过程中合金化元素能形成强化效果比较突出的过渡相，除了对力学性能进行优化外，还要考虑合金元素对抗蚀性、加工性能及抗氧化性能的影响。

1.6 镁合金防腐与表面强化研究的意义

镁合金的腐蚀与防护研究对于镁合金及其相关的应用来说，具有至关重要的意义。

(1) 镁合金发展的必然。目前，镁合金应用最主要的限制是它的力学性能与耐腐蚀性。历史上，镁合金的研究开发与应用的几次兴起与衰落，也都与未能很好地解决其腐蚀问题有很大的关系。国际上最近一轮镁合金研究开发与应用的热潮始于20世纪90年代，从事镁合金开发与应用的科研人员与工业界人士，已越来越多地意识到，要大力发展镁合金的应用，关键在于解决镁合金的腐蚀问题。若按“水桶理论”，耐腐蚀性则已经是镁合金诸多性能中的最短的一根“木条”。要使镁合金得以顺利快速地发展，必须在镁合金研究中首先解决其腐蚀问题。这是镁合金发展的必然。

(2) 国情所需。我国有十分丰富和优质的镁矿资源，在镁合金相关的应用工业上有一定的自然优势。我国的镁业应当在国际上占有重要的一席之地。目前，我国的镁合金及其相关的应用工业虽然相对于国外发达国家起步稍晚，但落后于国际的水平的差距并不算大。我国于21世纪初始就加入到镁合金的这次热潮中来了，而且在镁合金的研究方面，我国投入科研经费的相对水平甚至远高于国外的投入水平。如我国的“863”计划与“973”计划都对镁合金专门立项研究，而且这些专项研究都是较为长期的。因此从总体的科研战略看，我国已具有了在镁合金研究开发与应用等方面领先于国际水平的重要基础。目前的关键在于如何在具体的研究中抓住主要的核心问题，进行重点研究突破与解决，显然，镁合金的腐蚀与防护是这一核心问题。

(3) 扩大镁合金应用的关键。镁合金具有许多优异的性能，这也是镁合金得以广泛应用的根本前提。但是，镁合金在各种环境的应用必然产生腐蚀问题，因为镁的化学活泼性决定了镁合金的耐蚀性不会太理想，在各种应用环境中有可能因腐蚀而影响到其应用的效果或寿命。这就会大大地提高镁合金的应用成本。当应用成本过高时，镁合金的应用就会失去动力。可以说，腐蚀问题是制约镁在各领域应用的关键因素之一，只有较好地解决镁合金的腐蚀问题，才能消除镁合金及其相关产业的发展的阻力，并使镁合金应用于原来不大可能的领域中。

复习思考题

1-1 镁合金与其他合金相比主要具有哪些特点?

1-2 简述我国镁工业的发展历程。

1-3 镁合金主要有哪些分类方法?

1-4 简述镁及镁合金的耐蚀性。

1-5 简述镁合金防腐蚀与表面强化研究的意义。

2 镁及镁合金的腐蚀行为

2.1 镁及镁合金腐蚀的基本类型

镁及镁合金的腐蚀，按其腐蚀形态可分为全面腐蚀和局部腐蚀两种类型，按腐蚀机理可分为化学腐蚀（高温氧化）、电偶腐蚀、孔隙腐蚀等。

2.1.1 化学腐蚀

在常温下，镁与空气中的氧气逐渐反应，生成一层氧化膜，随着温度的升高，尤其是超过350℃后，氧化作用加剧。在400℃时，镁在空气中的化学活性明显增强，且镁的氧化速率随着温度的升高而快速增加。在湿空气中，镁在各种温度条件下的氧化速度曲线如图2-1所示。

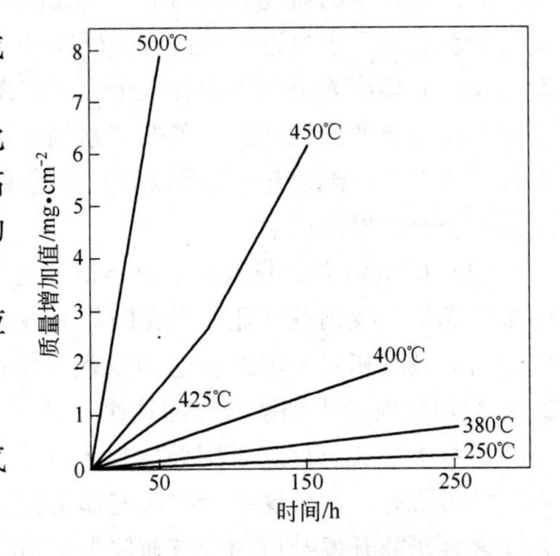

图2-1 湿空气中镁在各种温度条件下的氧化速度

纯镁在冷水中与水不反应，当加热时与水反应析出氢气：

$$Mg + 2H_2O = Mg(OH)_2 + H_2\uparrow$$

镁在沸水中反应剧烈，在400℃时，与水蒸气发生反应：

$$Mg + H_2O = MgO + H_2\uparrow$$

固体镁不易燃烧，在熔融状态和接近熔点温度下，镁在空气中剧烈燃烧。在干燥的氧中450℃以下、潮湿的氧气中380℃以下时，均生成离子型的氧化镁化合物，镁表面上的氧化膜具有很长时间的保护作用。因为在这样的温度下，氧化过程中形成的氧化物膜的体积（V_{MO}）比生成这些氧化膜所消耗的金属体积（V_M）要大，即Pilling-Bedworth（P-B）比 $V_{MO}/V_M > 1$，所以在较低温度下镁的氧化膜具有较好的保护作用。随着温度的升高，加快了金属与气体介质通过氧化膜的扩散，同时温度的变化导致氧化膜与金属的体积变化，从而使得界面反应速度加快。当镁在450℃以上被氧化时，形成的MgO膜的P-B比小于1（0.81），没有保护作用。

在300℃以上时，镁能与氮气发生反应，生成氮化物；在670℃时，镁与氮气反应非常迅速。

$$3Mg + N_2 = Mg_3N_2$$

Mg_3N_2 易发生水解：

$$Mg_3N_2 + 8H_2O = 3Mg(OH)_2 + 2NH_3 \cdot H_2O$$

因此，镁锭中存在的氮化镁会加速镁锭腐蚀。

镁在氯气介质中加热时，与氯气发生剧烈反应，发光、发热，生成$MgCl_2$。

$$Mg + Cl_2 = MgCl_2$$

在含硫的气氛中，加热到500℃，镁与硫反应生成硫化物：$Mg(s)+S(s)=\!=\!=MgS(s)$。附着在镁合金表面的硫化物膜具有较好的保护性。因此，在镁合金高温熔炼、铸造过程中，常常使用SO_2或SF_6气体作为镁合金熔炼的保护性气体，防止镁合金的氧化。

对于多元镁合金，合金中少量杂质的存在影响了氧化膜的结构。随着温度的升高，合金中少量杂质高温下的活性增加，其腐蚀速率的增加要比纯镁相对静态的腐蚀速率大得多。因此，在高温下，三元镁合金活性增加，氧化速度加快。但Mg-RE系合金具有很好的抗高温氧化能力。

在点燃的条件下，镁与CO_2发生剧烈反应：$Mg+CO_2=\!=\!=MgO+CO$。因此，当镁燃烧时，不能用CO_2、N_2和H_2O来灭火，可以用干燥的沙子、石棉布或干布覆盖以隔绝空气，达到灭火的目的。

在高温下，镁与SO_2发生剧烈反应。在600℃以下时，镁与SO_2按下式进行反应：$3Mg+SO_2=\!=\!=2MgO+MgS$；在600℃以上时，反应为：$3Mg+3SO_2=\!=\!=2MgO+MgSO_4+S_2$，当温度高于700℃时，生成的$MgSO_4$会发生分解。

在加热条件下，Mg与Br_2和I_2蒸气剧烈反应，生成$MgBr_2$和MgI_2。

在盐酸、硫酸、硝酸、磷酸等溶液中，镁易发生反应，但耐氢氟酸和铬酸。镁在接近沸点的浓度为30%的KOH、NaOH和KCN溶液中，在$Ca(OH)_2$饱和溶液中，在K_2CO_3、Na_2CO_3和KCl溶液中，在室温到沸点的S_2Cl_2溶液中，低温时在CS_2、CO_2或在丙酮、汽油、煤油中均无反应。镁在浓度为70%的KOH、NaOH、KCN溶液中以及在$FeCl_3$、$CuCl_2$、$NiCl_2$、$SnCl_4$、$HgCl_2$、$ZnCl_2$、$FeSO_4$、KNO_3溶液中发生反应。

2.1.2　电偶腐蚀

异种金属在同一介质中接触，由于腐蚀电位不相等有电偶电流流动，使电位较低的金属溶解速度增加，造成接触处的局部腐蚀，而电位较高的金属，溶解速度反而减少，即为外电偶腐蚀，也称为接触腐蚀或双金属腐蚀。其实际上是由两种不同的电极构成的宏观原电池腐蚀。通常将金属内部因素构成的微观原电池腐蚀又称为内电偶腐蚀。电偶腐蚀包括正极、负极、电解质和导体四个基本环节（见图2-2）。其中任何一个环节一旦受阻，电偶腐蚀就会减慢或停止。

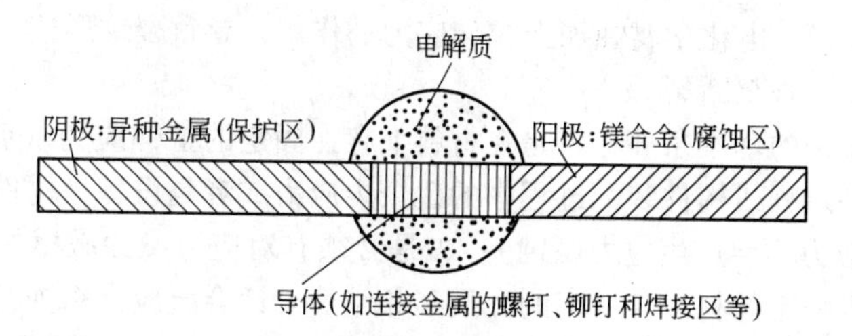

图2-2　电偶腐蚀的基本过程

镁的高化学活性使得纯镁及其合金对由于成分和不同合金相引起的内电偶腐蚀及与异种金属接触的外电偶腐蚀十分敏感。镁合金中含有多种金属元素和杂质元素，如重金属元素，尤其是Fe、Cu、Ni、Co等有害杂质元素。这些电极电位很正的阴极性杂质，与Mg基体阳极形成短路的微观原电池。在含水的电解质中，氢去极化反应在氢超电位很低的Fe、Cu、Ni、Co等阴极上发生，使得原电池腐蚀非常严重。如商业纯Mg（纯度为99.9%）在3%的氯化钠溶液中的腐蚀速率为5～100mg/(cm^2·d)，而高纯Mg（纯度为99.994%）的腐蚀速率为

0.15mg/(cm² · d)。对于镁及其合金，应严格控制杂质的含量，使 Fe、Cu、Ni 三种元素在 Mg 中的含量低于其极限浓度（Fe：17×10^{-5}，Cu：10×10^{-4}，Ni：5×10^{-6}），超过极限浓度值后，镁合金的腐蚀速率急剧增大。杂质对镁腐蚀速率的影响可用经验公式表示：

$$v_{corr}=0.04w_{(Mg)}-0.54w_{(Al)}-0.16w_{(Zn)}-2.06w_{(Mn)}+0.24w_{(Si)}+28w_{(Fe)}+121.5w_{(Ni)}-11.7w_{(Cu)}$$

另外，由于镁的标准电极电位很低（-2.37V），当镁合金与其他金属接触或连接时而组成电偶，在电化学驱动力（电位差）的作用下，发生电化学反应，镁作为原电池的负极而严重腐蚀。镁的腐蚀速率与电位差值有关，二者的开路电位差值越大，腐蚀推动力也越大，腐蚀越快；反之，则腐蚀较轻。因此，镁合金不能直接与铁、铜、镍及其合金或者不锈钢接触或连接。

2.1.3 点腐蚀

镁虽是一种自钝性很强的金属，但所生成的钝化膜是疏松多孔的。当镁及镁合金在非氧化性介质中遇到离子半径小的活性阴离子，如 Cl^-，氯离子能优先地有选择地吸附在钝化膜上，把氧原子排挤掉，然后与钝化膜中的 Mg^{2+} 结合成可溶性的氯化镁，结果在新露出的基底金属的特定点上生成活性的小蚀坑，钝化膜被破坏。在膜受到破坏的地方，成为原电池的阳极，而其余未被破坏的部分为阴极，于是形成钝化-活化电池。同时由于形成大阴极-小阳极型的原电池，阳极溶解速度很快，镁基体很快被腐蚀成为小孔，即很容易发生点腐蚀。镁在自腐蚀电位下就会发生点腐蚀，在中性或碱性盐溶液中也发生点腐蚀，重金属污染物能加速镁合金的点腐蚀。如 AZ91 合金的腐蚀，初期阶段是以点腐蚀和丝状腐蚀为特征，丝状腐蚀易发生在保护性涂层和阳极氧化层的下面，没有涂层的纯镁不会发生丝状腐蚀。

镁及镁合金晶界相对于晶粒来说几乎总是阴极，一般不易发生晶间腐蚀。同时，镁的腐蚀相对于氧浓度差不敏感，镁合金也难发生缝隙腐蚀。

2.1.4 镁合金的应力腐蚀破裂

镁合金应力腐蚀（SCC）破裂同其他金属的应力腐蚀一样，其实是一个电化学腐蚀加上机械破坏的过程。就是说，电化学腐蚀加上拉伸应力的作用，导致裂纹形核、扩展。裂纹的发展主要由力学因素引起，直至断裂。

材料产生应力腐蚀的基本条件：一是在材料上存在固定的拉伸应力（张应力），这种应力可以是金属材料冶炼过程或构件装配过程中的残余内应力或者是设备、构件在使用过程中所承受的各种应力（压应力不会产生应力腐蚀）；二是必须有对应力腐蚀敏感的特殊介质。即构成应力腐蚀的体系要求一定的材料与一定的介质互相结合。镁合金应力腐蚀开裂，是一个脆性断裂过程，应力越高，断裂时间越短。

镁合金在含有氯离子、铬酸根离子、硫酸根离子、氯酸根离子等活性阴离子的介质和内应力或者拉应力共同作用下，易发生应力腐蚀开裂，如铸造镁合金，特别是含铝镁合金在低于其屈服强度的静载荷作用下，具有十分强烈的应力腐蚀敏感性。但是在各种变形镁合金中除 MB15 稍有应力腐蚀倾向外，其他合金都没有应力腐蚀倾向。

目前认为镁合金易发生应力腐蚀开裂的原因，主要是由于在晶界上析出的、对应力敏感的第二相（如 $Mg_{17}Al_{12}$）和镁的氢化物（MgH_2）。加上在裂纹尖端由于发生原电池腐蚀产生的 H 与 Mg 作用生成 MgH_2，更增大了其对应力腐蚀的敏感性。这一反应过程如图 2-3 所示。

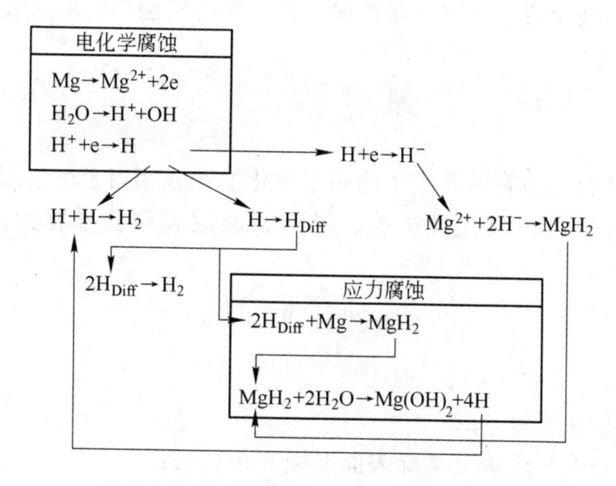

图 2-3 镁合金电化学、应力腐蚀机理

2.1.5 腐蚀疲劳

腐蚀疲劳是指在腐蚀介质和交变应力共同作用下材料的疲劳极限比无环境介质作用时的疲劳极限低而发生失效的现象。绝大多数金属或合金在交变应力下都可以发生腐蚀疲劳，而且不要求特定的腐蚀介质。

镁合金腐蚀疲劳与合金成分、负载状态和环境介质密切相关。如 AZ91D 合金，在良好的使用环境下，由于强加的应变带来的应力经屈服变形后的蠕变而释放，很少因应力腐蚀失效。但是，如果使用、设计不当，容易造成应力集中，产生使用损坏，如锻造 AZ80 合金零部件、铸造 AZ91-T6 合金和 AZ80-F 变形镁合金，在实际使用时，过大的残余应力都易造成零部件失效。对于高强镁合金 ZK60A 的腐蚀疲劳，Speidel 等人研究发现，镁合金腐蚀疲劳主要以穿晶-沿晶复合方式扩展，加速腐蚀疲劳裂纹扩展速度的环境与加快应力腐蚀裂纹扩展速度的环境相同（即硫酸根离子和卤素离子）。图 2-4 所示为 ZK60A-T5 合金在不同环境介质中的腐蚀疲劳裂纹生长曲线。

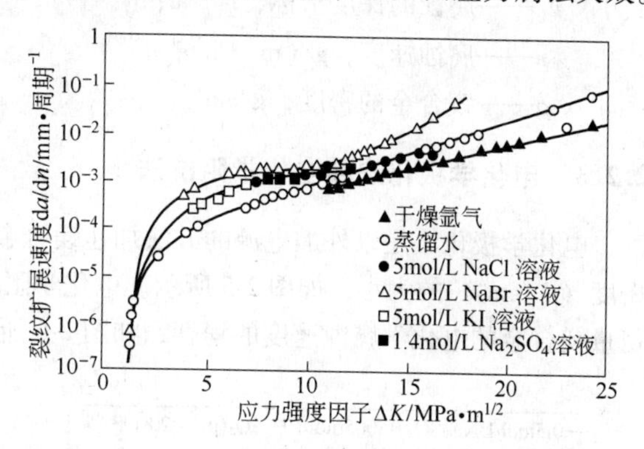

图 2-4 ZK60A-T5 合金在不同环境介质中的腐蚀疲劳裂纹生长曲线

AZ91-T6 和 AZ91E-T6 铸造合金在 3.5% NaCl 水溶液中能快速产生裂纹并扩展，易发生腐蚀疲劳，其抗腐蚀疲劳能力比空气中的明显降低。

压应力能提高镁合金的抗腐蚀疲劳能力，如经过轧制的镁合金在表面深层留有残余压应力，其具有优良的抗腐蚀疲劳性能；但是 AZ80 合金表面经过喷丸硬化、机械抛光，只能改善其在空气中的疲劳行为，而不能改善其在 NaCl 水溶液中的疲劳性能。

2.2 镁合金耐蚀性评价方法

镁合金腐蚀后，其质量、厚度、力学性能、组织结构等都会发生变化。通常用材料的腐蚀程度来表示这些物理和力学性能的变化率。在均匀腐蚀情况下，通常采用质量损失法、腐蚀坑深度测量法和电化学极化或电学阻抗测量法，并以平均腐蚀率的形式表示其在自然环境或模拟环境中的耐蚀性。

2.2.1　质量损失法

质量损失法是把镁合金因腐蚀而发生的质量变化换算成相当于单位面积上单位时间内的质量变化的数值，如镁合金的抗氧化性试验、浸泡腐蚀试验和盐雾腐蚀试验等。通常用下式表示：

$$v = \pm (W_0 - W_1)/S \times t$$

式中　v——腐蚀速度，$g/(m^2 \cdot h)$；

W_0——镁合金的初始质量，g；

W_1——腐蚀后镁合金的质量（清除表面腐蚀产物），g；

S——镁合金的面积，m^2；

t——腐蚀进行的时间，h。

2.2.2　腐蚀坑深度测量法

腐蚀坑深度测量法是把镁合金的厚度因腐蚀而减少的量，以线量单位表示，并换算为相当于单位时间的数值。可按下列公式将质量损失法的腐蚀速度换算为腐蚀深度的指标值：

$$\nu_L = v \times 24 \times 365/(100)^2 \times \rho = v \times 8.76/\rho$$

式中　ν_L——腐蚀的深度指标，mm/a；

v——腐蚀速度，$g/(m^2 \cdot h)$；

ρ——镁合金的密度，g/cm^3。

2.2.3　电化学极化法和电化学阻抗法

电化学极化法是以外加电源的方法加速镁合金电化学腐蚀，以测定腐蚀过程中的阳极电流密度（A/cm^2）的大小，如图2-5所示。电化学阻抗法是测定腐蚀过程中的电化学阻抗谱图来衡量镁合金的电化学腐蚀速度的程度，如图2-6所示。

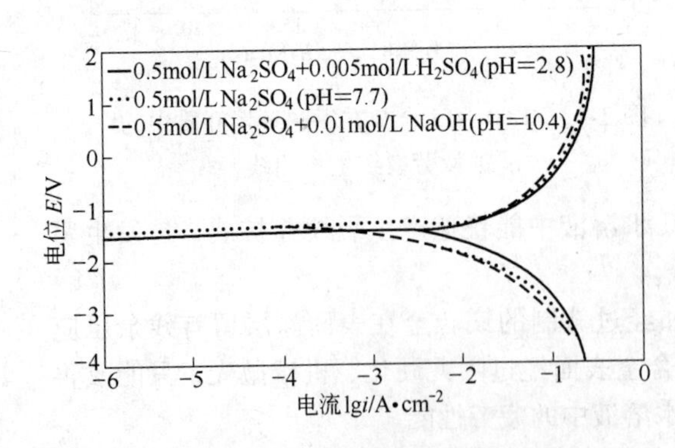

图2-5　纯镁（99.98%）在不同pH值的0.5mol/L Na_2SO_4溶液中的极化曲线

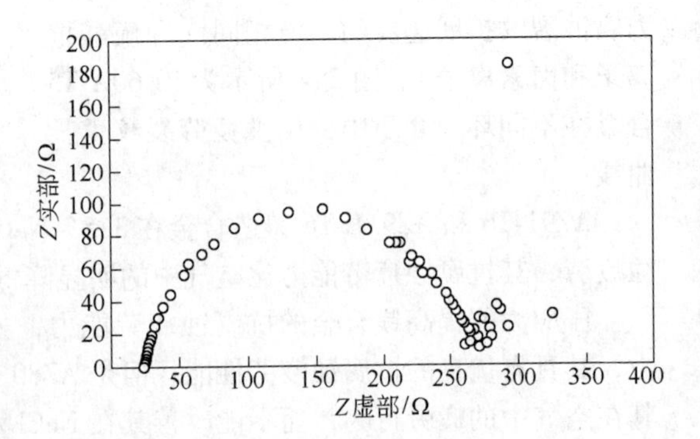

图2-6　纯镁（99.98%）在pH=9.2的0.5mol/L $NaBO_2$溶液中的Nyquist图

腐蚀电流密度与腐蚀失重速度（$g/(m^2 \cdot h)$）的换算关系为：

$$v=(A\times i_{\alpha}/n\times F)\times10^{4}=(A\times i_{\alpha}/n\times26.8)\times10^{4}$$

式中　F——法拉第常数（$1F=96494\approx96500$C，用于表示腐蚀失重速度时为26.8/(m^2·h)）；

A——镁合金的平均相对原子质量；

n——化合价；

i_{α}——腐蚀电流密度，A/cm^2。

在通常情况下，大多数金属的腐蚀失重同电化学测试结果具有很好的一致性，但是镁及其合金电化学腐蚀存在特殊现象，即负差效应。在正常情况下，腐蚀反应中的阴极反应速度随外加电压的升高或电流密度的增大而减少，但阳极反应速度正好相反，呈上升趋势。因此，大多数金属（如Zn和Fe）在酸性环境中电位正移会导致阳极溶解速度增加，同时阴极析氢速度减少。但是，镁的析氢行为与Zn和Fe的析氢行为截然相反，随着外加电压的升高或电流密度的增大，镁阳极溶解反应速度和阴极析氢速度都加快。图2-7所示为不同方法测定时镁合金的腐蚀速度。

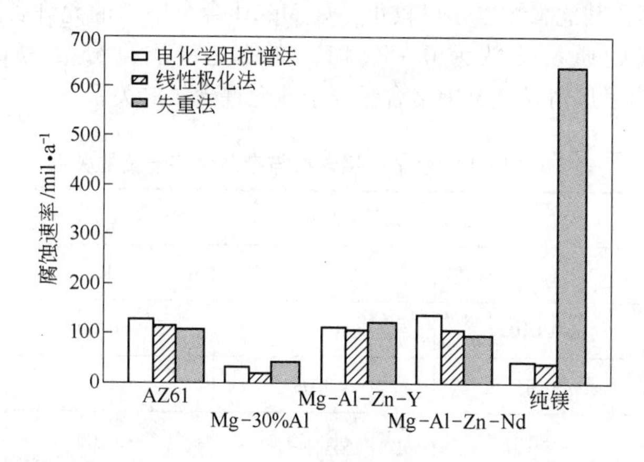

图2-7　不同成分的镁合金在pH=9.2的$NaBO_2$溶液中电化学法和失重法测试的腐蚀速度

（1mil=0.0254mm）

产生这种负差效应的原因，目前提出了几种解释：

（1）镁的阳极化使镁的表面状态同极化前相比有较大的改变，而这种改变又恰好能使镁的自腐蚀速率剧烈增加，产生了负差效应。

（2）镁在一定的条件下阳极极化时，除了阳极溶解外，还同时有未溶解的镁微小晶粒或粉尘粒子的脱落，在这种情况下若采用称重法测定材料腐蚀速率，从而得到偏大的自腐蚀速率数值，产生了负差效应。

（3）镁在腐蚀介质中阳极溶解时，直接产生低价态离子（Mg^{+}），而低价态离子再通过化学反应的途径氧化成高价态的离子（Mg^{2+}）成为最终产物。这样按形成的最终产物的价态，根据法拉第定律用外推阳极极化电流密度计算阳极溶解速率时，得出镁的实际失重结果远大于法拉第定律计算所得的失重结果，得到一种表观的负差效应。

由于镁的负差效应是一个复杂的过程，负差效应对镁的腐蚀性能的影响机理还有待于进一步研究。

2.3　影响镁及镁合金腐蚀的因素

影响镁及镁合金腐蚀的因素很多，其中既有与金属镁本身有关的因素，如镁和镁合金的电极电位、钝性、超电压、形变、应力状态、表面状态等；又有与镁及镁合金所处的环境条件有关的因素，如腐蚀介质的组成、浓度、温度、介质的流速等。

2.3.1　冶金因素对镁合金耐蚀性的影响

镁几乎对所有金属都是阳极性的，在盐水溶液中，镁与其他金属存在极大的电位差而产生原电池腐蚀。影响镁合金腐蚀行为的冶金因素在于它们的化学组成和微观结构，其中化学组成是影响镁合金耐蚀性的主要因素，按其对耐蚀性的影响可以分为三类，即无害元素，如Na、Si、Pb、Sn、Mn、Al以及Be、Ce、Pr、Th、Y和Zr等；有害元素，如Fe、Ni、Cu和Co；以及介于两者之间的组成元素，如Ca、Zn、Cd、Ag等。

为了提高镁的耐蚀性，必须严格控制这些元素的含量，使它们的含量低于某一极限值或者添加其他元素，如锰、锌或稀土元素，以减少有害元素的危害作用。如Mg-Mn二元合金M1A，其中锰的质量分数是1.2%，锰的存在增加了杂质铁、镍的允许极限含量，即有锰存在时，铁、镍的含量可略高，其危害性也显得较小。如Mg-Al合金中铁的允许含量取决于锰的含量，对于AZ91合金，锰的质量分数为0.15%时，铁的允许质量分数为0.0048%（$0.082\times0.15\%$）。表2-1列出了压铸镁合金中锰含量与杂质允许含量的关系。

表2-1　压铸镁合金中锰含量与杂质允许含量的关系

合　金	杂质临界极限/%			锰的质量分数/%
	Cu	Ni	Fe	
AM50A	<0.010	<0.002	<0.004	0.26～0.6
AM60A	<0.85	<0.08	—	0.18～0.6
AM60B	<0.10	<0.002	<0.005	0.24～0.6
AS41A	<0.06	<0.08	—	0.20～0.50
AS41B	<0.02	<0.002	<0.0085	0.7～0.85
AZ91A	<0.10	<0.08	<0.80	0.18～0.50
AZ91B	<0.85	<0.08	<0.8	0.18～0.50
AZ91D	<0.80	<0.002	<0.005	0.15～0.5

镍的允许含量主要取决于镁合金铸态组织晶粒的大小。低压铸造镁合金，经过回火处理，镍的允许含量为$10\times10^{-4}\%$。因此，合金在低压下铸造时，要求镍的含量最低。AM60合金中有害元素允许含量比AZ91合金的要低。

锌可以提高Mg-Al合金系中铁、镍、铜的允许含量。但锌在Mg-Al系合金中含量只有1%～8%，超过8%后，增加合金的显微缩孔率，加速了镁合金的腐蚀速率。

添加稀土元素、钍和含有锆的Mg-Al合金与高纯Mg-Al合金相比，耐腐蚀性能得到很大的提高。在3.5% NaCl溶液的盐雾试验中，高纯Mg-Al合金的腐蚀速率为0.5～0.76mm/a，添加稀土的镁合金的腐蚀速率为0.25mm/a，但有害物质不需严格控制。在这样的情况下，添加锆是非常有效的，因为它可以作为一种强烈的晶粒细化剂，并且在浇注之前把铁沉淀出来。但是，如果合金中含了0.5%～0.7%的Ag或2.7%～3%的Zn，将会降低合金的耐腐蚀性能。

2.3.2 热处理制度对镁合金耐蚀性的影响

热处理对镁合金的耐蚀性有很大的影响。表 2-2 为晶粒尺寸与热处理状态对压铸 Mg-Al 合金在盐雾试验中腐蚀速率的影响。从表中可以看出，有害元素（铁、镍和铜）越多的合金，温度的影响越小。热处理对镁合金耐蚀性的影响主要决定于析出相和晶粒大小。凡是导致析出金属间化合物和晶粒粗化的热处理工艺，通常都会降低镁合金的耐蚀性。例如，Mg-1.8Nd-4.53Ag-4.8Pb-3.83Y 固溶体型合金，固溶态比铸态具有较高的耐蚀性。但时效处理后，由于析出弥散的阴极相反而使固溶体型合金的耐蚀性变得比铸态的还低。经过固溶处理后第二相不能完全溶解的合金，如 Mg-5.89Sn-8.5Li-5.0La 合金，反而使第二相更加粗化，其耐蚀性较铸态的耐蚀性差；如再进行时效处理，耐蚀性将进一步降低。

表 2-2 晶粒尺寸与热处理状态对 AZ91C 和 AZ91E 合金腐蚀速率的影响（ASTM B117 盐雾试验）

合 金	粒径 /μm	Mn 含量 /%	Fe 含量 /%	腐蚀速率/mm · a^{-1}			
				F	T4	T5	T6
AZ91C（未处理）	187	0.18	0.087Mn	18	15	—	15
AZ91C（精炼、晶粒细化）	66	0.16	0.099Mn	17	18	0.12	15
AZ91E（b）（未处理）	146	0.28	0.008Mn	0.64	4	0.12	0.15
AZ91E（精炼、晶粒细化）	78	0.26	0.008Mn	2.2	1.7	0.12	0.12
AZ91E（未处理）	160	0.88	0.004Mn	0.85	8	0.12	0.22
AZ91E（精炼、晶粒细化）	78	0.85	0.004Mn	0.72	0.82	0.1	0.1

注：1. Fe 含量用 Mn 含量的百分比表示；
2. AZ91E 合金未取得 ASTM 标准认可。

Suman 等人用盐雾试验测试压铸工业 Mg-Al 合金时，发现时效温度对合金耐蚀性能有很大影响（见图 2-8），并与杂质含量有关。表 2-3 给出了铸态（F）AZ91 合金经固溶处理（T4，在 410℃下，保温 16h 后淬火）和固溶加时效处理（T6，在 410℃下，保温 16h 后淬火，然后在 215℃下时效 4h）后合金中有害元素的允许极限含量。

表 2-3 AZ91 合金铸件在不同热处理状态下的杂质允许极限

杂 质	临界杂质含量/%			
	高压铸造（平均粒径 5 ~ 10μm）	低压铸造（平均粒径 100 ~ 200μm）		
		F	T4	T6
Fe	0.082Mn	0.085Mn	0.085Mn	0.046Mn
Ni	0.005	0.001	0.001	0.001
Cu	0.040	0.040	<0.010	0.040

注：Fe 含量用 Mn 含量的百分比表示。

镁合金的冷加工，如拉拔和弯曲，对腐蚀速率没有显著的影响。喷丸处理的合金腐蚀性能很差，这是由于增加了合金表面的有害物质。用酸腐蚀掉合金表面 0.5mm 左右，可以去除反应的有害物质，但这个过程需要小心地控制，因为有害物质可能再沉淀，特别是铁的残留物。

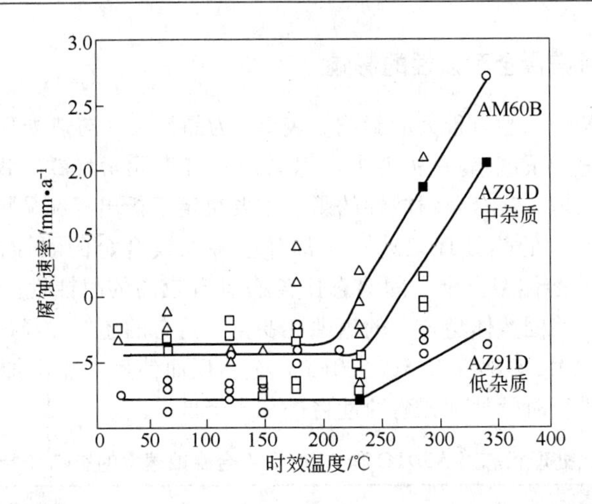

图 2-8　时效温度对 AZ91D 和 AM60B 腐蚀速率的影响

2.3.3　环境因素对镁合金耐蚀性的影响

镁的电化学腐蚀与环境介质有关（见表 2-4）。新鲜的镁表面在清洁干燥的环境中可以很长时间保持光亮，而在工业气氛中则在 1～2 天内就会形成大面积腐蚀。镁在潮湿空气中腐蚀的主要产物是 $Mg(OH)_2$，如果空气湿度很小，腐蚀速率也很低；当相对湿度超过 90% 时，腐蚀速率将会急剧上升。镁在空气中还会与 CO_2 发生反应生成 $MgCO_3$，这一反应在相对湿度为 50%～70% 时非常明显，并且反应产物能够封闭 $Mg(OH)_2$ 膜的孔洞。此外，在含硫的气氛中，镁腐蚀时还可能产生硫酸镁。

表 2-4　商业纯镁在常见介质中的腐蚀速率

介　质	腐蚀速率	
	mm/a	mil/a
潮湿空气	1.0×10^{-5}	0.0004
凝聚水的潮湿空气	0.015	0.6
蒸馏水	0.015	0.6
酸性气氛中的蒸馏水	0.03～0.3	1.2～12
热去离子水（100℃）	16	640
含 0.25mol/L NaF 的热去离子水	0.055	2.2
海　水	0.25	10
8mol/L $MgCl_2$ 溶液	300	12000
8mol/L NaCl 溶液（99.99% Mg）	0.3	12

镁在纯净的冷水中反应，生成微溶于水的 $Mg(OH)_2$ 保护膜，因此其腐蚀速率非常低。镁在酸、碱及其他水溶液和有机物中，都有不同程度的腐蚀。除了在各种介质中的腐蚀，镁与其他金属接触时也容易产生电化学腐蚀，电化学腐蚀是镁合金在应用中的主要腐蚀形式。

2.3.3.1　大气环境

清洁的、未加保护的镁合金表面暴露在室内或室外的大气中将会自动形成一层灰色的薄膜，这层膜对金属产生一定的保护作用，而且对镁合金的力学性能影响非常小。但是如果大气中含有氯、硫和其他一些元素，它们就会和镁合金表面水分作用，从而加快镁合金的腐蚀。如果没有保护性涂层，会造成镁合金的点腐蚀。

镁合金的腐蚀速率随着相对湿度的增加而增加。在相对湿度小于9.5%时，纯镁和任何镁合金在18个月内都不会腐蚀；当相对湿度小于80%时，仅小部分腐蚀；当相对湿度大于80%时，表面大部分被腐蚀。镁在大气中的腐蚀产物随暴露地点的不同而各异，镁耐蚀性也不一样。对在农村大气中暴露了18个月内的镁锭表面腐蚀产物进行X射线衍射分析，发现其中包含了不同的水化物、碳酸盐，包括$MgCO_3 \cdot H_2O$、$MgCO_3 \cdot 5H_2O$和$3MgCO_3 \cdot Mg(OH)_2 \cdot 3H_2O$；而在工业气氛中的腐蚀产物除了有基本的水化物和氧化物以外，还有硫酸镁的水化物如$MgSO_4 \cdot 6H_2O$和$MgSO_4 \cdot 7H_2O$。表2-5列出了镁在大气环境中的腐蚀产物。

表2-5 镁在大气环境中的腐蚀产物

腐蚀产物	暴露方式和时间		
	室 内		室 外
	300d	412d	217d
$Mg(OH)_2$	15.5	16.3	6.4
$MgCO_3$	46.6	46.5	37.5
$MgSO_4$	9.7	9.8	13.0
H_2O	28.2	27.4	2.94
含碳物质	—	—	2.5
$Fe_2O_3 + Al_2O_3$	—	—	2.9

2.3.3.2 淡水

室温下，静止的蒸馏水中，镁合金能很快地形成一层保护膜，阻止腐蚀。如果水中溶有少量的盐，特别是有氯和重金属的盐，则保护膜局部被破坏，从而导致点腐蚀。

无论是在静止的盐水还是淡水中，水中的氧对腐蚀都没有太大的影响。但是，搅拌或者任何其他破坏和阻止保护膜形成的措施都会导致镁的腐蚀。浸泡在静止不动的水中的镁的腐蚀是很轻微的，但如果流动的水，会加速$Mg(OH)_2$的溶解，加快镁的腐蚀。

在纯水中，镁的腐蚀速度随温度的升高而急剧增加。如在100℃以下，AZ系合金腐蚀速率一般为0.25~0.5mm/a。纯镁和ZK60A合金在100℃的腐蚀速率超过25mm/a。在150℃下，所有合金腐蚀都十分剧烈。

2.3.3.3 盐水

盐水中的活性阴离子会严重破坏金属表面保护膜的稳定性，导致腐蚀速率相对于不含活性阴离子的大大提高。此时，腐蚀速率几乎完全取决于阴极相（杂质元素化合物相）。如果阴极元素含量低于允许极限，影响因素就是铝，铝能够提高镁合金的抗蚀性。在水溶液中氯离子会造成镁的严重腐蚀，而溶解的氟化物则呈化学惰性，对镁的腐蚀速率影响不大。其他常见盐如硫酸盐、硝酸盐和磷酸盐等的水溶液也能够导致镁腐蚀，但程度不如氯盐溶液那样严重。在熔融盐电解质的腐蚀过程中，通常会析出比镁活性低的金属，如锌可能从硫酸锌溶液中析出，从而抑制镁的腐蚀。表2-6列出了商业纯镁和Mg-Al合金在不同浓度的镁盐溶液中的腐蚀速率。从表中可以看出，阴离子对镁合金腐蚀速率的影响顺序为：$Cl^- > Br^- > ClO_4^-$。

表2-6 商业纯镁和Mg-Al合金在不同浓度的镁盐溶液中的腐蚀速率

合金	腐蚀速率(1mol/L溶液)/mg·(cm²·d)⁻¹			腐蚀速率(2mol/L溶液)/mg·(cm²·d)⁻¹		
	$Mg(ClO_4)_2$	$MgBr_2$	$MgCl_2$	$Mg(ClO_4)_2$	$MgBr_2$	$MgCl_2$
AZ81	9.2	142	289	4.2	117	264
AZ61	27	153	311	6.4	127	272
Mg	258	289	473	128	225	384

2.3.3.4 酸和碱

除氢氟酸和铬酸以外，所有的无机酸都能加剧镁腐蚀。氢氟酸之所以不能使镁产生显著的腐蚀，是因为它在镁表面形成不溶性的保护膜。但是，在低浓度的氢氟酸中镁有轻微的电化学腐蚀发生，升高氢氟酸溶液的温度，腐蚀速度有所增加。在工业上，镁合金可用于制造处理浓氢氟酸的管道、罐体和漂浮控制元件。

镁及其合金在纯的铬酸中腐蚀速率很小，但是酸中存在的微量氯离子将使腐蚀速率明显增加，20%铬酸的沸腾水溶液广泛用来清除镁合金表面的腐蚀产物，但不腐蚀基体金属。

有机酸的水溶液对镁和镁合金的腐蚀速率各不相同。对于镁锻压产品，常用稀的醋酸或乙二醇进行酸浸蚀处理，在这些酸中加入硝酸钠和硝酸镁可以减小镁的腐蚀速率。

在室温或高温条件下，镁及其合金在含水或不含水的脂肪酸中的腐蚀速率均不明显，由于表面反应生成一层极薄的镁皂，能抑制镁的继续腐蚀。

与酸性介质不同，镁在pH>10.5(饱和$Mg(OH)_2$的pH值)的碱性环境中具有良好的耐腐蚀性。强碱能阻止$Mg(OH)_2$的溶解，可进一步提高保护性能。但在温度超过60℃的50%的苛性碱液中，腐蚀速率迅速增加。因此，pH值在11～13范围内的碱，可以用来清洗镁合金的表面。

2.3.3.5 有机化合物

脂肪族和芳香族的碳氢化合物、酮类、乙二醇和高分子醇对镁及其合金都没有腐蚀作用。乙醇和高浓度酒精在常温下对镁有轻微的腐蚀，在150℃高温下有破坏性反应。无水甲醇在室温下会引起严重的腐蚀，其腐蚀速率将由于水的存在而大大减小；汽油-甲醇燃料混合物中，当水含量等于或超过甲醇量的0.25%时，对镁不腐蚀。

纯的卤代有机化合物在室温下不腐蚀镁。温度升高或有水存在时，这类化合物能导致镁的严重腐蚀，尤其是那些水解产物为酸性的化合物。

干燥的氟化碳氢化合物，例如氟利昂制冷剂，室温下不腐蚀镁合金，但有水存在时，会产生相当快的腐蚀。温度升高，氟化碳氢化合物同镁合金剧烈反应。

含水的有机酸，如果汁、碳酸饮料，对镁的腐蚀很轻微。但是，一些食品变酸后，如牛奶，会引起镁的腐蚀。

室温下，在乙二酸溶液中单独使用的镁，或与钢电偶接触条件下的镁，产生很轻微的腐蚀；但当温度升高后（115℃），腐蚀速率加快，加入缓蚀剂，可抑制电化学腐蚀，如航空燃料储备容器用的M1A合金，通常加入四乙烯铅和二溴乙烯铅或减慢镁合金容器的腐蚀。

2.3.3.6 气体

干燥的氯、碘、溴和氟气在室温或者稍高温度下不引起镁的腐蚀，或者只有轻微的腐蚀。含0.02%水的溴，在沸点温度（58℃）下，其腐蚀几乎和室温一样；含少量水的氯气，会导致镁严重腐蚀；含少量水的碘，对镁有轻微的腐蚀；而氟对镁几乎不腐蚀。湿的氯、碘或溴，在任何水相露点以下都造成镁的严重腐蚀。室温下，干燥的 SO_2 气体不腐蚀，如有水蒸气存在，也会产生腐蚀；湿的（露点以下）SO_2 气体，由于形成了亚硫酸和硫酸，会产生严重腐蚀。氨气无论干湿状态，通常温度下都不腐蚀。空气中或氧气中的水蒸气在100℃以上会使镁和镁合金的氧化速度急剧增加。BF_3、SO_2 和 SF_6 可有效地减小氧化速度，室温下，三种气体中的任何一种存在都可有效抑制高温氧化，甚至在燃烧的温度下都能有效地减小氧化速度。

2.3.3.7 土壤

镁合金在黏土或不含盐的砂土中有良好的耐腐蚀性能，通常用于土壤中作电化学保护系统的阳极材料。但在含盐或弱碱性的砂土中，镁合金的耐腐蚀性能很差，通常可在涂有底漆的镁合金表面涂覆沥青，提高其耐腐蚀能力。

2.3.3.8 温度

温度对镁耐腐蚀性的影响在很大程度上取决于合金的纯度。对于低纯度的镁及其合金浸在8%氯化钠溶液中，在100℃时的腐蚀速率约为室温的两倍。当阴极性的杂质，如铁和镍的含量大于允许的极限浓度时，腐蚀速率随温度升高而增加。

空气或氧气中含有水蒸气，温度超过100℃时，会使镁及其合金的氧化速度急剧增加。在外界气氛中存在 BF_3 或 SF_6 时，在高温直到合金的燃点，可以有效地阻止镁及镁合金的氧化。

镁在含有 $70\times10^{-4}\%$ 的氯的饮用自来水中的腐蚀速率很低，但随温度升高镁的腐蚀速率增加。图2-9所示为4种合金在含氯的饮用自来水中的腐蚀速率随温度的变化，M1A合金与含铝的镁合金相比，随温度的升高，点腐蚀的倾向增大。氟化物能有效地抑制镁合金在热水中的腐蚀。如在沸腾的蒸馏水中，加入0.1%的氟化钠可使AZ81B镁合金的腐蚀速率从0.41mm/a降到0.02mm/a。

对于在水蒸气环境中工作的典型镁合金，温度对腐蚀速率的影响如图2-10所示。M1A合金比其他含铝或含铝和锌的镁合金的腐蚀速率略高，几乎没有一种镁合金能对120℃以上的水蒸气具有耐蚀性。

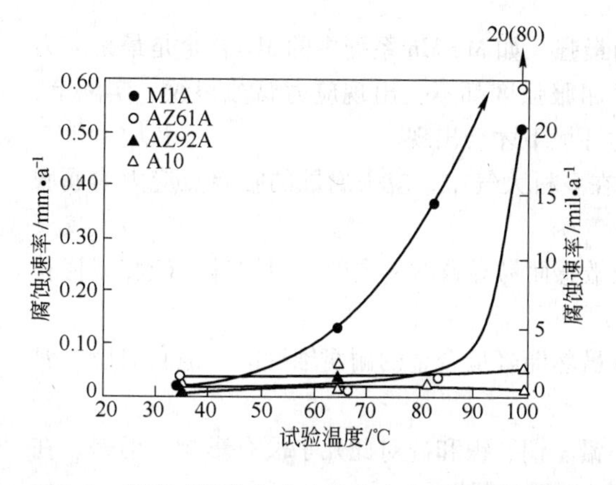

图2-9 温度对镁合金在自来水中腐蚀速率的影响

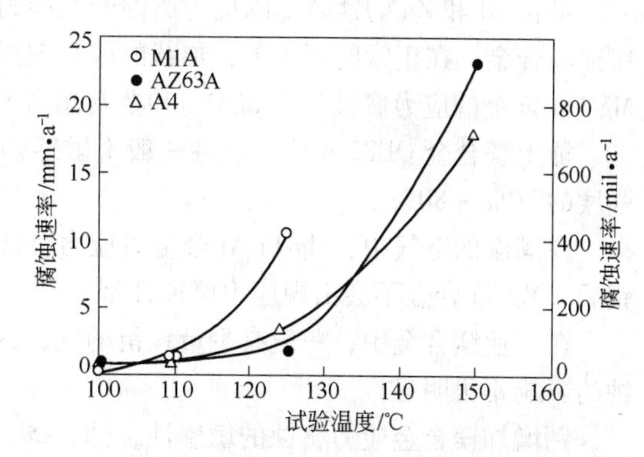

图2-10 温度对镁合金在水蒸气中的腐蚀速率的影响

2.3.4　镁及镁合金应力腐蚀的影响因素与控制

2.3.4.1　镁及镁合金应力腐蚀的影响因素

镁合金的应力腐蚀受各方面因素的影响，包括金属的组成、显微结构、应力状态和环境介质的种类、浓度和温度等。

A　合金成分

合金成分对应力腐蚀有较大影响，纯度极高的镁不发生应力腐蚀开裂。含铝的镁合金在低于其屈服强度的应力作用下，对应力腐蚀非常敏感。Al 含量对 Mg-Al 合金在 40g/L NaCl + 40g/L Na_2CrO_4水溶液中的应力腐蚀的影响如图 2-11 所示，随 Al 含量的增加其敏感性增大，当 Al 含量为 0.15% ~ 2.50% 时就能导致应力腐蚀开裂，含 6% Al 的镁合金应力腐蚀敏感性最大。

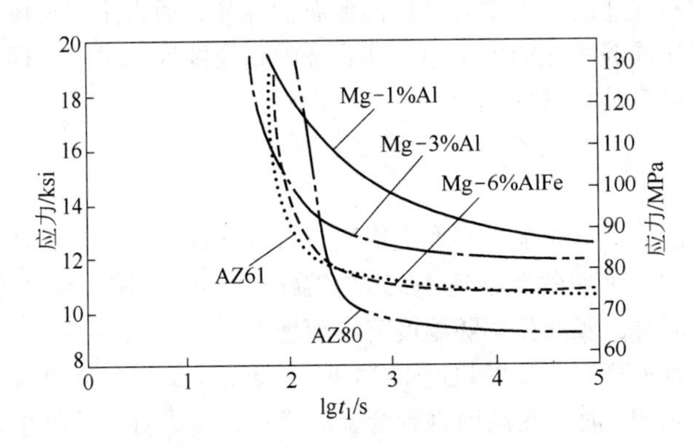

图 2-11　Al 含量对 Mg-Al 合金在 40g/L NaCl + 40g/L Na_2CrO_4 水溶液中应力腐蚀的影响

Zn 可以诱发镁合金对应力腐蚀的敏感性，易导致镁合金的应力腐蚀开裂，含 Al、Zn 的 AZ 系列的镁合金对应力腐蚀开裂的敏感性最大，如 AZ61、AZ80 和 AZ91，在大气和更恶劣的环境下，对应力腐蚀都非常敏感。

不含 Al 的 Mg-Zn 合金中，加 Zr 或稀土（RE），如 ZK60 和 ZE10，有中等的耐应力腐蚀能力。如果在大气环境中，应力低于屈服强度的 50% 时仍然会发生应力腐蚀，但其使用寿命比 Mg-Al-Zn 合金要长。

不含 Al 和 Zn 的镁合金耐应力腐蚀开裂能力最强，如 Mg-Mn 系列中的 M1 合金是最耐应力腐蚀的合金。在正常的环境下，加载的应力超过屈服强度都不会出现应力腐蚀裂纹。实际上，Mg-Mn 合金的应力腐蚀仅在高应力和非常恶劣的环境下才会出现。

稀土镁合金 QE22 对应力腐蚀一般不敏感，在乡村大气中，应力腐蚀的临界点应力为屈服强度的 70% ~80% 。

在潮湿的空气中，Mg-Li-Al 合金对应力腐蚀敏感而易导致材料失效，但用锌、硅和银代替铝后，Mg-Li 合金不会出现应力腐蚀开裂。

在工业镁合金中，一般有少量残留的铁，铁虽然能降低合金的耐腐蚀性能，但它对应力腐蚀的影响不很明显。

钙增加镁合金应力腐蚀的敏感性，铈、锡、铅、铜、镍和硅对此几乎没有影响。但是，在 Mg-Al-Mn 合金中添加铈或锡可以增加其对应力腐蚀的敏感性。

B 应力状态

镁合金发生腐蚀的应力主要来自材料的加工和使用过程。但可通过外加应力的方法对镁合金的耐应力腐蚀性能加以评价。通常影响镁合金应力的因素主要有以下几个方面：

（1）应力大小和应变速率。镁合金的应力腐蚀敏感性和其他金属一样，随着拉伸应力的增加而增加。如大气中，在屈服强度 30% ~50% 的工作应力下长时间使用，一般可以避免镁合金应力腐蚀的发生。但 AZ61-H24 合金，在乡村环境中，加载的拉伸应力为屈服强度的 28% 时，不到 9 个月就出现应力腐蚀。

镁合金应力腐蚀的下限值与弹性变形有关，即与合金的弹性极限有关。通常弹性变形的极限很难测量，一般以塑性变形的 0.2% 来代替，而压铸的 AZ91 合金的弹性极限约为屈服强度的 1/8。

图 2-12 所示为 AZ91 合金在低应变速率应力腐蚀实验中，裂纹处的应力和应变速率的关系。当应变速率低于 0.01%/h 时，裂纹处的应力和应变速率成一定的函数关系，这说明了应变速率和应力腐蚀之间的关系。

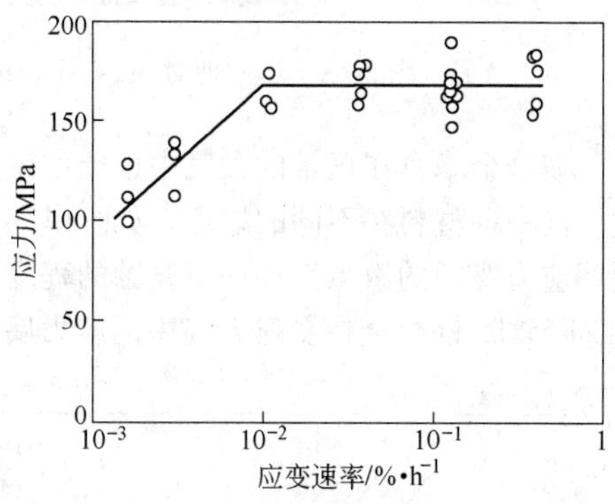

图 2-12 AZ91 合金应力和应变速率的关系

（2）腐蚀疲劳。镁合金作为结构材料发展得最快的是镁合金压铸件，主要应用于汽车工业。压铸镁合金，一般含有 2% ~9% 的铝，如 AZ91D 合金。由于这些零件在不同的环境下暴露，镁合金在交变应力（或循环应力）下腐蚀损坏，是许多应用方面非常关注的问题。

（3）冷加工。冷加工对镁合金的应力腐蚀敏感性的影响是很复杂的，目前影响机理不清楚。如冷变形——冷拉、冷轧等虽然引入残留内应力，但是一般情况下，镁合金对应力腐蚀敏感性反而降低。

（4）热处理。热处理可以明显地提高镁合金应力腐蚀的下限值和降低裂纹长大的速率。比如 Mg-Al-Zn 合金，经不同固溶工艺处理后时效，或固溶处理后在不同的温度下时效处理，对其应力腐蚀敏感性没有太大的影响；但是经过热处理后，由于内应力的减少和更多的再结晶组织形成，铸造镁合金的应力腐蚀敏感性减小。又如冲压的 AZ80 镁合金、Mg-8Al 合金，通过热处理使晶粒变细、金属间化合物重新分布，可以极大降低合金的应力腐蚀敏感性。

Mg-Li-Al 合金，经过固溶处理和温室时效后，将增加合金的应力腐蚀敏感性，而在人工时效后，将增加耐应力腐蚀的能力。但特殊的形变热处理可以生成 $Mg_{17}Al_{12}$ 相（见图 2-13），将增加合金应力腐蚀敏感性。

热处理对应力腐蚀的影响也依赖于环境。如冷轧 AZ61 板材经人工时效，在铬酸盐溶液和大气中进行测试时，可以提高耐应力腐蚀的能力，但同样的热处理后在 3% NaCl 溶液测试时，却降低耐应力腐蚀的能力。

C 环境介质

环境介质对镁合金应力腐蚀的影响相当复杂，而且对不同腐蚀体系的影响都不相同，即使同一金属在不同的介质中引起应力腐蚀的温度也不一样。在含有活性阴离子的介质中，如氯离子，易诱发应力腐蚀；而在稀碱溶液、浓缩的氢氟酸和铬酸，或者一些高氧化性的溶液的介质中，不会诱发应力腐蚀。

a 大气环境

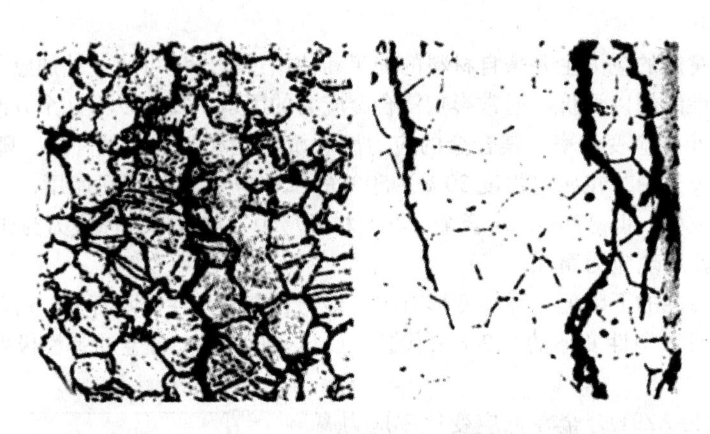

图 2-13 热处理对 Mg-6Al-1Zn 合金在铬酸盐溶液中的应力腐蚀显微组织

镁合金暴露在正常的大气中也能产生应力腐蚀裂纹，包括乡村、城市、工业性和海岸性环境。同一种材料在不同的地点，如海岸和乡村、乡村和工业城市，所产生的结果几乎一样，这说明应力腐蚀的敏感性和环境腐蚀的程度没有必然的联系，图 2-14 和图 2-15 所示分别为 AZ91 和 ZK65-T5 镁合金在乡村大气中的应力腐蚀情况。

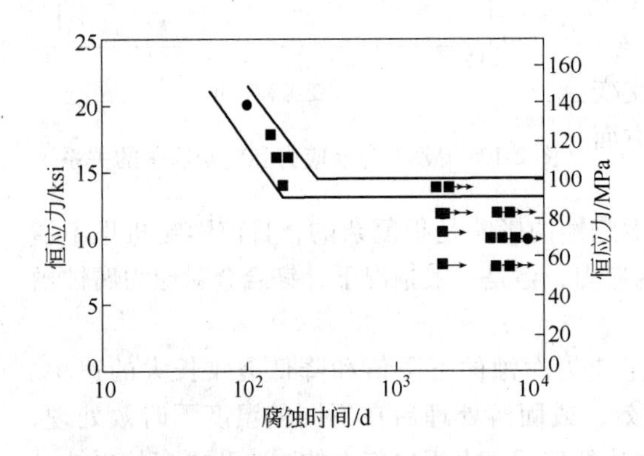

图 2-14 AZ91 合金在乡村大气中的应力腐蚀（砂型铸造 AZ91C-T4，-T6）

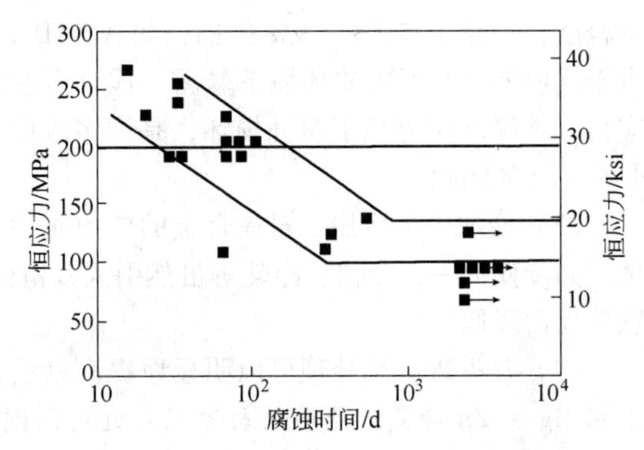

图 2-15 ZK65-T5 合金在乡村大气环境中的应力腐蚀

当暴露在大气中，下雨、降露和高湿环境将加速镁的应力腐蚀，而且在雨后的干燥时期内会发生失效。有实验测得仅当室内相对湿度超过 85% 时，应力腐蚀才会发生。氧气或二氧化碳的加入会稍微降低湿度的下限值。

b 淡水及海水环境

镁合金在喷洒蒸馏水及完全、部分和间歇性地浸入蒸馏水中，也会出现应力腐蚀（见图 2-16）。溶有氧的水可以加速应力腐蚀，而在水中除气后可以延缓甚至消除应力腐蚀。在海水中浸泡，可以观察到应力腐蚀快速发生。

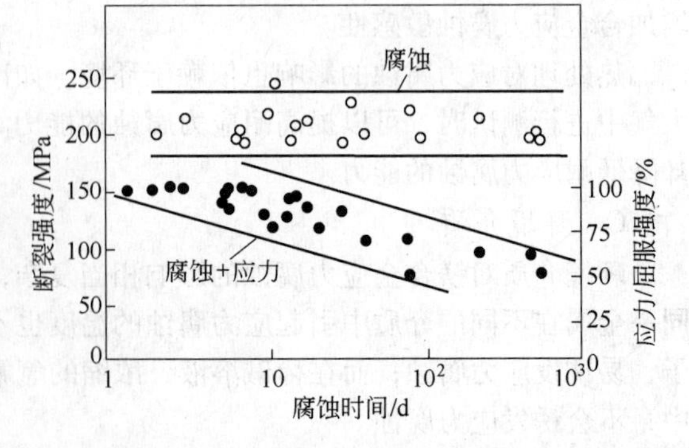

图 2-16 AZ91 合金在蒸馏水中的应力腐蚀

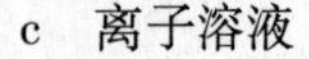

c 离子溶液

为了研究镁合金的应力腐蚀，通常对镁合金进行加速应力腐蚀，如在 NaCl + K_2CrO_4 溶液中应力腐蚀裂纹生长很快，应力腐蚀敏感性也大为增加。这种溶液由于存在铬酸盐使镁部分钝化，可以延缓一般的腐蚀，但是由于存在氯离子，它又会促进局部腐蚀。图 2-17 和图 2-18 所示分别为 AZ80、AZ61 和 AZ81 在 NaCl + Na_2CrO_4 和 NaCl + K_2CrO_4 水溶液中的应力腐蚀情况。

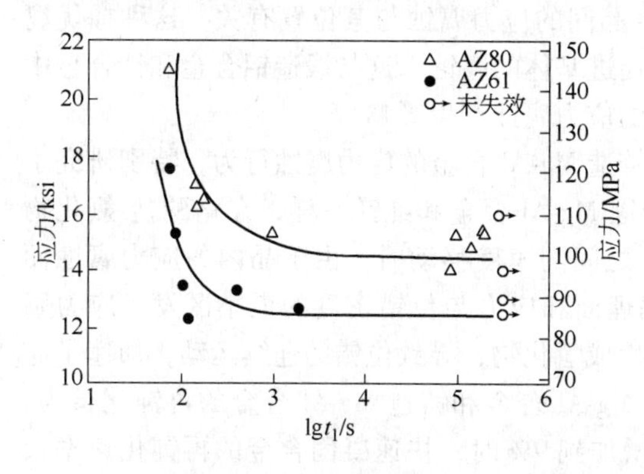

图 2-17　AZ80 和 AZ61 在 40g/L NaCl + 40g/L Na_2CrO_4 水溶液中的应力腐蚀

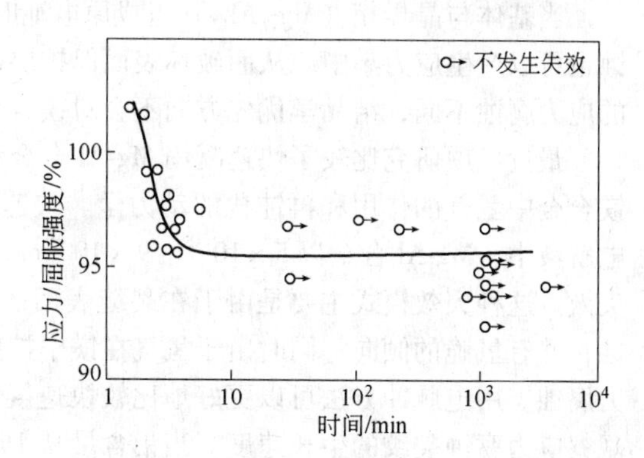

图 2-18　AZ81 在 8.5% NaCl + 2% K_2CrO_4 溶液中的应力腐蚀

试验室通常用 NaCl + Na_2CrO_4 作介质研究镁的应力腐蚀。

在铬酸盐溶液中的硝酸离子和碳酸离子能阻止应力腐蚀。这可能与更致密、更稳定或更容易修补的钝化层的形成有关。

镁的应力腐蚀在其他稀离子溶液中也有发生，包括 NaBr、Na_2SO_4、NaCl、Na_2SO_4、Na_2CO_3、$NaC_2H_3O_2$、NaF 和 Na_2HPO_4。加速镁合金应力腐蚀的溶液有：KF、KHF_2、HF、KCl、CsCl、$MgCO_3$、NaOH、H_2SO_4、HNO_3、HCl。

虽然 pH 值可以影响镁合金一般的腐蚀，但研究发现，pH 值在 10.5 ~ 11.5 时对镁合金的应力腐蚀没有影响，当 pH 值超过 12 时，镁合金更耐应力腐蚀。同时也有报道认为，应力腐蚀位置与 pH 值无关。但也有报道称，在铬酸盐溶液中，pH 值可以影响镁合金晶内和晶界的应力腐蚀裂纹。

D　温度

镁合金在大气、水、硫酸和氯化钠溶液中的应力腐蚀敏感性随着温度的升高而增加。但是，在钝化溶液中，在一定的温度范围内，随着温度增加应力腐蚀明显减少。

在应力作用下，温度也可以影响材料的蠕变性能，而蠕变将使应力减小。因此，在正常情况下，由于高温而发生蠕变，应力腐蚀敏感性降低。

E　微观组织

镁合金微观组织对应力腐蚀的影响研究报道很少，目前的研究仅限于在铬酸盐溶液中处理的 Mg-Al 合金。在这些合金中，大应力下，锻造和铸造合金的应力腐蚀的敏感性是相似的，腐蚀出现的位置也相似。图 2-19

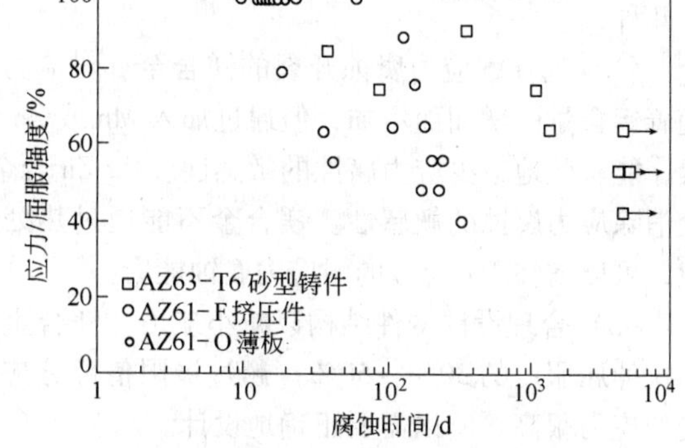

图 2-19　铸造合金（AZ610-T6）、锻造合金（AZ61-O）和挤压合金（AZ61-F）在低的应力下铬酸盐溶液中的应力腐蚀

比较了砂模铸造合金（AZ610-T6）、锻造合金（AZ61-O）和挤压合金（AZ61-F）在低的应力下，在铬酸盐溶液中的耐应力腐蚀性能，其中铸造合金（AZ610-T6）耐应力腐蚀性能最好。

据报道，由于分散在基体中的Fe-Al相和基体组成原电池的作用，晶内的应力腐蚀与Mg-Al合金的择优腐蚀有关。但是，还没有直接的证据证明应力腐蚀裂纹的产生与这种相有关。

当基体与晶界相（$Mg_{17}Al_{12}$）组成原电池时，晶间的应力腐蚀与其位置有关。这种择优腐蚀也可以产生应力集中，从而破坏表面保护层，促进基体的腐蚀。这与锻造铝合金和钛合金中的应力腐蚀不同，结晶学优先方向不会对镁合金的应力腐蚀产生影响。

最近一项研究比较了快速凝固Mg-Al合金和铸造Mg-Al合金的应力腐蚀行为，特别研究了镁合金中氢气的作用和再钝化的动力学。快速凝固Mg-Al合金和纯镁一样，在铬酸盐-氯化物电解液中，Mg-Al合金以$5\times10^{-5}\sim9\times10^{-8}$mm/s之间的速度移动时，由于晶内的应力腐蚀而失效。这种失效模式主要是由于在裂缝表面的解理面和应力与位错密度的最小区发生应力腐蚀，并有氢脆的倾向；同时由于氢气在镁中扩散生成氢化物，导致位错的连续运动，加速了应力腐蚀。用电脉冲方法可以更好地比较快速凝固Mg-Al合金和铸造Mg-Al合金的再钝化行为，观察应力腐蚀裂纹的生长速度。当铝含量从1%增加到9%时，快速凝固合金的再钝化速率很快地增加。这项研究表明，再钝化在应力腐蚀过程中也有作用，它的作用可能是由于局部腐蚀反应和析出的氢气通过被破坏表面膜进入未保护的合金表面。

2.3.4.2　镁合金应力腐蚀的控制

材料的应力腐蚀只有存在下列条件才会发生：

（1）存在一定的拉应力。此拉应力可能是冷加工、焊接或机械束缚引起的残余应力，也可能是在使用条件下外加的，甚至是腐蚀产物引起的残余应力。引起应力腐蚀的拉应力值一般低于材料的屈服强度。在大多数产生应力腐蚀的系统中存在一个临界应力值，当所受拉应力大于临界应力值时，才产生应力腐蚀。压应力不导致应力腐蚀。

（2）金属本身对应力腐蚀具有敏感性。合金和含有杂质的金属比纯金属容易产生应力腐蚀。

（3）存在能引起该金属发生应力腐蚀的介质。对于某种金属或合金，并不是任何介质都能引起应力腐蚀，只有在特定的腐蚀介质中才能发生。

此外，应力腐蚀破裂还发生在一定的电位范围内，一般发生在活化-钝化的过渡区电位范围内，即在钝化膜不完整的电位范围内。据此，减少或防止镁合金的应力腐蚀开裂的方法有以下几种：

（1）选择耐应力腐蚀开裂的镁合金。对应力腐蚀的敏感性最大的是Mg-Al合金，敏感性随着铝含量的增加而增加，但通过加入Mn或Zn元素或者消除镁合金中有害杂质Fe、Cu等元素，能有效地减少应力腐蚀的敏感性。Mg-Zn合金的敏感性居中，而不含铝、锌的镁合金可完全消除应力腐蚀的敏感性。镁合金不能通过热处理有效地减少和消除应力腐蚀，但是通过涂覆，可以增加M1合金的耐应力腐蚀能力。

（2）合理设计构件结构以减小应力。镁合金连续工作的应力必须低于一个极限值，一般为拉伸屈服度的30%～50%。超过极限值部分应调整其形状，以减小应力。螺栓和铆钉所承受的应力很高，所以需要正确地设计。

（3）采用低温退火消除应力。低温退火可以有效地释放应力，降低应力腐蚀倾向。如冷轧的Mg-6.5Al-1Zn-0.2Mn合金在80%σ_s下，在海滨大气中试验，仅58天就出现应力腐蚀破裂，而经177℃、8h退火后，超过400天仍然不破裂，而且强度几乎不降低。

（4）采用阳极性金属作包镀层，如用Mg-Mn合金作Mg-Al-Zn合金的包镀层，可以减小对应力腐蚀的敏感性。

（5）环境的控制。镁合金产生应力腐蚀开裂的环境主要是大气和水。当水中通入氧气（空气）时，会加速镁合金的应力腐蚀，某些阴离子也会加速镁合金的应力腐蚀（如Cl^-），实验确定镁合金在0.1mol/L的中性盐类溶液中的应力腐蚀开裂敏感性按下列顺序递增：$CH_3COONa < NaCl < Na_2CO_3 < NaNO_3 < Na_2SO_4$。

通常控制环境的方法是用有机或非有机涂层，或者将镁合金进行阳极氧化处理使镁与环境隔开。涂层的作用可以延长使用寿命，但不能完全阻止应力腐蚀。在一个特定的环境下，非有机涂层反而会加速应力腐蚀。

2.4　镁合金腐蚀的防护方法

改善镁合金耐蚀性能的方法有很多，目前主要有：

（1）提高镁合金的纯度和研制新的合金；

（2）采用快速凝固制备技术；

（3）镁合金的表面处理（合成保护性膜与涂层、化学转化处理、阳极氧化处理等）；

（4）表面改性处理。

2.4.1　提高镁合金的纯度

提高镁合金的耐蚀性，可以从提高材料本身纯度着手，将镁合金中的“危害元素”Fe、Ni、Cu、Co等的含量降到临界值以下，可大大改善镁合金的耐蚀性。如在AZ91合金中，当控制Fe、Ni、Cu三种有害元素的极限浓度，使其分别低于镁合金中最大Mn含量的3.2%，50×10^{-6}、400×10^{-6}时，提高纯度后的AZ91合金耐盐雾腐蚀性能高于压铸SAE380（Al-4.5Cu-2.5Si）合金和冷轧钢的耐盐雾腐蚀性能。不含Zn的AM60（Mg-6Al-0.3Mn）合金的Fe、Ni、Cu的极限浓度比AZ91略低，但只要三种杂质的含量不超过允许的极限浓度，其抗盐雾腐蚀性能与380Al合金、钢相当或更好。如降低了Fe、Ni、Cu等杂质含量的AZ91E合金，其耐蚀性能明显优于AZ91C。对于AZ91D（压铸）和AZ91E中的主要杂质元素允许极限含量（质量分数），与冷却速度和锰的质量分数有关，具体的影响如下：

（1）压铸镁合金（快速冷却）：

$$w_{(Fe)max} = 0.032\% \times w_{(Mn)}$$
$$w_{(Ni)max} = 0.005\% \times w_{(Mn)}$$
$$w_{(Cu)max} = 0.07\% \times w_{(Mn)}$$

（2）重力铸造镁合金（缓慢冷却）：

$$w_{(Fe)max} = 0.032\% \times w_{(Mn)}$$
$$w_{(Ni)max} = 0.001\% \times w_{(Mn)}$$
$$w_{(Cu)max} = 0.04\% \times w_{(Mn)}$$

2.4.2　添加特殊合金化元素

加入提高镁合金耐蚀性的合金元素，利用优化微观组织结构以及通过改善基体腐蚀产物的微观结构设计新合金，是提高镁合金耐蚀性能的根本途径，也是镁合金实现工程应用的有效途径。其合金化原则可归纳如下：

（1）添加有利于耐蚀性的合金化元素，改善基体腐蚀产物的微观结构。如少量的

Be(0.005% ~0.05%) 加入镁合金熔体中，熔体表面形成一层氧化铍保护膜，减少镁的腐蚀。

(2) 加入同镁有包晶反应的合金化元素：Mn、Zr、Ti 等。但其加入量应不超过固溶极限。

(3) 当必须选择同镁有包晶反应的合金化元素，而且相图上同金属间化合物相毗邻的固溶体相区有着较宽的固溶范围时，如 Mg-Zn、Mg-Al、Mg-In、Mg-Sn、Mg-Nd 等合金系，应偏重于选择：

1) 具有最大固溶的第二组元金属，与固溶体相毗邻的化合物以稳定性高者为好；

2) 共晶点尽可能远离相图中镁的一端。

(4) 通过热处理提高耐蚀性。通过热处理把金属间化合物融入基体中，以减少活性阴极或易腐蚀的第二相的面积，从而减少合金的腐蚀活性（Mg-Al 合金除外）。

(5) 制造高耐蚀合金时，宜选用高纯镁（杂质含量不高于 0.01%）。加入的合金元素也尽可能少含杂质，而 Zr、Ta、Mn 则属于能减少有害杂质影响的合金。

例如，WE34（Mg-4Y-2.25Nd-1RE）和 WE54（Mg-5.25Y-1.75Nd-1.75RE）的盐雾腐蚀速率比 AZ91C 合金低 2 个数量级。AZ 系列的镁合金显示的高温力学性能差，而且表面微孔多，而 Mg-Zr 系列的镁合金具有优良的可铸造性和表面的致密性。如 Mg-Zr 和 AZ91E 系列合金的耐点蚀能力比 AZ91C 合金好，抗微观原电池腐蚀能力差不多。同时，AZ91E 和 WE43 合金几乎不存在热潮腐蚀，而 AZ91C 合金热潮腐蚀却相当严重。如新开发的 Mg-Li 合金以及加 Ca 的高温镁合金，其高温抗氧化性能明显改善。

2.4.3 快速凝固处理

快速凝固材料是先进金属材料的发展方向之一。快速凝固技术（RSP）制备镁合金，一方面能增加有害杂质的固溶度极限，形成成分范围较宽的新相，使有害元素只在少量的位置和相中存在；另一方面，快速凝固能改善材料的微观结构，使镁合金的晶粒更加细小、成分更加均匀，较少局部微电偶电池的活性，显著提高镁合金的耐蚀性。同时 RSP 能增大以高浓度存在时可以形成非晶体氧化膜的元素的固溶度，促进更具保护性并有“自愈合能力”的玻璃体膜的形成，提高材料的耐蚀性能。如通过 RSP 增加镁固溶体中铝的含量，可在镁合金整个表面形成优良的富铝钝化膜。这层有非晶体结构的膜被击穿后能迅速自我修复，因而具有很好的保护性。而传统的含铝镁合金，铝主要集中在合金中的第二相（$Mg_{17}Al_{12}$），因此合金表面只能局部形成钝化膜，耐蚀性较差。如在 Mg-Al-Zn 合金中加 Mg、Si 和稀土（Ce、Nd、Pr 和 Y）通过快速凝固生产的压铸件，在 3% NaCl 溶液中与非快速凝固件相比具有非常好的耐蚀性。快速凝固技术与合金化技术结合，可以制备耐蚀性和力学性能优良的镁合金。

复习思考题

2-1 镁及镁合金腐蚀的基本类型主要有哪些？

2-2 镁合金耐蚀性评价的方法主要有哪些？

2-3 影响镁及镁合金腐蚀的因素主要有哪些？

2-4 镁及镁合金应力腐蚀的影响因素主要有哪些？

2-5 如何控制镁及镁合金应力腐蚀？

2-6 镁合金腐蚀的防护方法主要有哪些？

3　镁及镁合金强化前的处理

镁合金的零部件在化学氧化、电化学氧化以及电镀前必须进行清洁处理，使它露出基体金属。在电镀行业中，通常前处理包括表面整平（磨光、滚光、振动光饰、抛光和刷光），表面强化（喷砂和喷丸），除油（脱蜡、脱脂），除锈（酸浸渍）以及化学抛光和电化学抛光等工序。基体的前处理，又称做表面调整（与金属磷化时的表面调整不同）和净化。其目的是为了消除金属制品（毛坯）表面上存在的各种宏观缺陷，如毛刺、砂眼、锈蚀、斑痕、油污、沟纹、气泡、划痕等各种机械损伤和表面夹杂，以及降低基体金属表面的粗糙度。

3.1　机械处理

机械处理采用机械设备，整平基体表面，强化表层材料。

3.1.1　磨光

磨光是利用高速旋转的磨光轮磨削金属制品表面。在磨光轮上黏结着许许多多、一颗一颗的磨砂，各种磨料颗粒有许多棱角，硬度极高，相当于无数把小刀刃紊乱地排布在磨光轮的表面，当磨光轮高速旋转时，将与其相接触的基体表面削去薄薄的一层，使金属制品表面逐渐平整和光滑，同时，因摩擦产生大量的热量，使金属表面发生氧化而变色。

磨光轮与金属制品之间的压力、磨料颗粒的直径（即粗磨、中磨和精磨）以及磨光轮的线速度决定了磨光的效果。

常用的磨料有天然金刚砂、人造金刚砂、人造刚玉、石英砂、硅藻土、铁丹和浮石等。人造金刚砂的硬度较高，但脆性大、易碎；人造刚玉的硬度较高，且韧性好；天然金刚砂和石英砂的硬度稍低一些。粗磨用的磨料粒度一般为0.833～0.370mm（20～40目）；中磨为0.287～0.104mm（50～150目）；精磨用磨料其粒度为0.086～0.042mm（180～360目）。

金属制品在磨光时宜配合使用润滑剂，以防止软金属与磨料黏结，这样可延长磨光轮的使用寿命。通常可用抛光膏代之。

除了磨光轮之外，还可以用磨光带进行磨光，即使用带式磨光机磨光。

3.1.2　滚光

滚光是将金属零件与介质（磨料与滚光液）一起放入滚筒（通常为水平卧放）中进行滚磨。随着滚筒的旋转，滚筒中零件与零件、零件与磨料彼此摩擦，再加上滚光液的化学浸蚀作用，这样就能除去零件表面的毛刺、锈斑和油污，整平零件表面。

滚光时选用的磨料有金刚砂、石英砂、花岗石、浮石、钢珠等；对于较软的金属可以选用锯末、玉米芯、皮革碎块等作为磨料。

滚光液有碱性和酸性两种。如果零件上有油污，可以加入少量烧碱、纯碱、肥皂、皂荚粉等，或加入一些乳化剂。如果零件表面有锈，可加入稀硫酸或稀盐酸，同时需加入少量缓蚀剂。

滚光液配方随用途不同差异很大，国内大多沿用稀硫酸、稀氢氧化钠溶液加茶籽粉的配方。广州二轻研究所在改进滚光工艺中取得了很好的效果，他们在传统的碱性滚光除油液中加入自行研制的 BH-7A 添加剂，充分发挥了机械作用和化学作用之间的协同效应，在室温条件下能够快速、彻底地去除各种零件表面的油污、暗膜和毛刺，提高零件的表面光泽。这种改进后的滚光液，可以完全取代三氯乙烯，用于钢铁、铜及铜合金、锌及锌合金等小零件的滚光除油；此外，还特别适用于钢铁冲压件、螺钉螺母之类的小零件在滚镀之前的滚光除油。

3.1.3　振动磨光

振动磨光是在滚筒滚光的基础上发展起来的一种高效光饰方法。振动磨光机（振动光饰机）是将一个筒形或碗形的容器安装在弹簧上，通过容器底部的振动装置，使容器产生上下左右的振动，带动容器内的零件沿着一定的运动路线前进，在前进中零件与零件以及零件与磨料进行摩擦，成功地降低了零件表面的粗糙度。振动磨光机的生产效率比普通滚光要高得多，因容器是敞开的，所以在生产过程中可以随时检查零件的表面质量。振动磨光一般不受零件形状的限制，不论形状如何，加工后内外表面的光饰程度一致。零件在光饰过程中撞击很小，因此不会改变零件的力学性能。

目前，市场上可以购买到的振动磨光机用的磨料有鹅卵石、石英石、白云石等天然磨料；成型磨料如烧结陶瓷、氧化铝、碳化硅、塑料、钢珠以及击碎的陶瓷块和废砂轮块等。磨料的形状各种各样，如球形、三角形、圆柱形、方形、星形等。磨料的尺寸、规格很多，以适应不同类型的零件进行振动磨光的需要。磨料的用量与零件的体积比通常为2：1～6：1，磨料的用量在粗磨时少一些，精磨时则多一些。振动磨光时还需要加入适量的功能性材料和水。功能性材料一般采用表面活性剂、脱脂剂、浸蚀剂和防锈剂等，其目的不仅是为了改善光饰效果，还可减少磨料的消耗，使零件表面在滚光的同时也能脱脂、除锈、防锈，它的用量大约为磨料与零件体积总和的0.2%～0.5%。水的用量一般约为零件与磨料体积总和的3%～5%，过多或过少均会影响光饰效果。最重要的是，应通过实践加以调整。

3.1.4　离心滚光

离心滚光工艺是由离心滚光机（离心滚筒）完成的。离心滚光机是在一个转塔里安装着几个盛有零件和磨削介质的转筒（一般4个），当转塔高速旋转时，装在塔内的转筒将以较低的速度反方向旋转。转塔旋转时可产生0.98N的离心力，此力迫使转筒中的零件和磨料挤压在一起；而转筒的反向旋转又使磨料和零件相互摩擦，从而达到促使零件表面光饰的目的。离心滚光的示意图如图3-1所示。

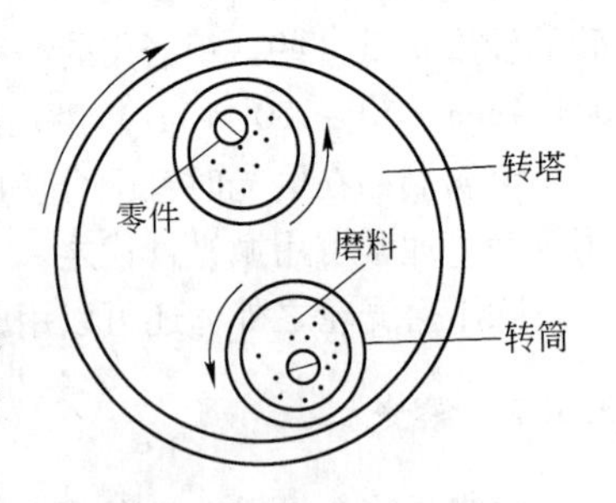

图3-1　离心滚光示意图

离心滚光的效率很高，加工时间通常是振动磨光的1/50。光饰时，零件间的碰撞很小，不同批次的光饰质量一致性较好，即使是易碎的零件也能获得较高的尺寸精度和较好的光饰质量。

离心滚光的另一特点是能使零件表面产生很大的压应力，这样可提高零件的疲劳强度。这对于轴承、飞机发动机零件、弹簧以及压缩机和泵的零件是非常重要的。离心光饰的处理效果通常比其他光饰方法处理后再进行抛光处理的效果好，其成本低、效果更高。

3.1.5　机械抛光

机械抛光是用旋转的抛光轮对金属制品表面进行研磨，除去基体表面的细微不平。机械抛光可以在前处理过程中应用，即在金属制品磨光后再机械抛光；也可用于镀后镀层的光饰。抛光与磨光的不同是抛光轮的转速快，而且轮上不黏合磨料；抛光轮是靠抛光膏作为精细磨料的。

普遍认为，当抛光轮高速旋转时，金属基体与抛光轮摩擦产生了高温，高温使基体材料的塑性提高，在抛光力的作用下，基体表面产生塑性形变，凸起部分被压低，并向凹处流动，致使表面的粗糙度降低。同时，由于大多数金属很容易在表面生产很薄的氧化膜，这个过程只需0.5s左右就能完成。新的氧化膜很薄，只有0.0014μm左右。抛光时除去的实际上是氧化膜。基体表面的氧化膜被除去后，又生成新的氧化膜，如此反复下去，最终将获得平滑、光亮的抛光表面。抛光时并不切削金属，而只是除去氧化膜。

抛光膏原料的性能及规格要求见表3-1。

表3-1 抛光膏原料的性能及规格要求

原料名称	性能	规格要求
硬脂酸	直链状饱和脂肪酸，白色或微黄色，微有牛油气味，密度为0.847g/cm³，熔点69℃，溶于醇、乙醚、CS_2、CCl_4等溶剂，微溶于水	熔点不小于52℃，不含游离酸及杂质
动物油	黄色固体，有特殊气味，密度为0.937～0.953g/cm³，凝固点27～28℃	熔点40℃以上
植物油	液体油状物，能起皂化反应	杂质含量不能过高
石　蜡	直链状烷属烃类，白色或黄色，无臭，无味，密度一般为0.880～0.915g/cm³，含油量（质量分数）0.8%～5.0%	熔点48～58℃
油　酸	含有一个不饱和双键的脂肪酸，黄色至红色液体，有似猪油的气味	熔点13℃以上
松　香	浅黄色、透明、呈玻璃状，性脆，不溶于水，有特殊气味	一级工业品
汽缸油	由石油分馏的馏出油制成	11号、24号
长石粉	主要成分为K、Na、Ca的铝硅酸盐，密度为2.54～2.76g/cm³，硬度为6～6.5，白色、灰色或红色粉末	含水量不大于0.5%，Al_2O_3含量不少于26%，200目筛余物不大于0.5%
氧化铁红	红色无定形粉末，密度为5.12～5.24g/cm³，不溶于水，溶于盐酸	Fe_2O_3含量不少于98%
抛光用石灰	白色固体或粉末状，密度为3.35g/cm³，在空气中吸收CO_2形成$CaCO_3$，可与水化合形成$Ca(OH)_2$	质量均匀，无杂质，MgO含量不少于35%
白　泥	瓷粉或高岭土，灰色或白色，微细晶体，质软，密度为2.54～2.60g/cm³，易分散于水中或其他液体中	含水量不大于1%，粒度0.074mm（200目）以上
铬　绿	成分为Cr_2O_3，深绿色六角晶体，密度为5.2g/cm³，不溶于水、酸、碱，熔点1990℃	含水量不大于1%，均匀无杂质，粒度0.074mm（200目）以上

3.1.6 刷光

刷光是用刷光轮对金属制品表面进行加工，也可用手工刷子进行。刷光轮和刷子常用金属丝、动物毛、天然或人造纤维制成，可以干刷，也可以水刷。

刷光的功效有：

（1）除去金属制品经机加工后表面棱边上的毛刺。

(2) 除去金属制品表面的氧化皮、锈蚀、旧涂层、焊渣与飞溅及其他污物；也可刷去金属制品经侵蚀后的浮灰。

(3) 可在金属制品表面刷划出一定规律的细密丝纹，如鱼鳞纹、波浪纹等，以达装饰效果。

(4) 使金属制品表面成漫反射层的处理过程称为缎面加工。使用软而细的刷光轮，可使金属制品表面获得非镜面般的闪烁光泽——缎面。

(5) 用清洁剂水刷，刷洗金属制品表面油污。

3.1.7　喷砂和喷丸

利用压缩空气将砂子（或钢铁丸、铸铁丸、玻璃丸）喷射到金属制品表面，在受喷材料再结晶的温度下，飞速的砂子（或铁丸等）撞击受喷金属制品表面，清除附着污物，强化表面金属。喷砂有干喷砂和湿喷砂两种。喷砂的目的是：

(1) 清除金属制品上的毛刺或其他方向性磨痕；

(2) 清除铸件上的型砂，锻件或热处理后金属制品上的氧化皮；

(3) 清除金属制品表面的锈蚀、积炭、焊渣与飞溅、旧的涂层以及干燥的油污；

(4) 提高金属制品表面的粗糙度，以提高涂料与基体的结合力；

(5) 使金属制品表面呈漫反射消光状态；

(6) 对切削刀具进行湿喷砂，可提高刀具的使用寿命；

(7) 可以对金属以外的材料，如玻璃、陶瓷表面喷花。

干喷砂的加工表面比较粗糙；湿喷砂常用于较精密的加工。对于油污较多的金属制品，喷砂前应除油。

喷丸工艺与喷砂一样，除了能够清除表面的污物以外，还有强化表面改性的作用，主要用途有：

(1) 使金属制品表面产生压应力，以提高其疲劳强度和抗拉应力腐蚀的能力；

(2) 对扭曲的薄壁金属制品进行校正；

(3) 代替一般的冷、热成型工艺，对大型薄壁的铝制品进行成型加工，这不仅可避免在零件表面产生残余的拉应力，而且还可获得对制件有利的压应力。

应该指出的是，经喷丸处理的金属制品，它们的使用温度不能过高，否则压应力会在高温下自动消失。

喷丸加工没有喷砂时所产生的粉尘，对环境污染较小。

3.2　除油

3.2.1　除油原理

准备电镀（或表面精饰）的金属制品和零件，其表面黏附油污几乎是不可避免的。因为在机械加工过程中要使用润滑油，热处理中用油淬，半成品在库存期间要涂防锈油，磨光和机械抛光时要使用润滑油和抛光膏。另外，由于人手上的分泌物多含有油脂，故用手接触过的金属表面也会黏附油脂。这些油脂归纳起来不外乎三种，即矿物油、动物油和植物油。所有的动物油脂和植物油脂，它们的化学成分主要是各种脂肪酸的甘油酯（甘油三酯），它们均能与碱发生化学反应而生成肥皂，故称可皂化油。习惯上，人们把通常处于液态的油脂称为油，在常温下处于固态（或半固态）的称为脂。矿物油的主要成分是各种碳氢化合物，不能与碱发生化学反应，故称不可皂化油，例如，凡士林、石蜡（地蜡、白蜡）以及各种润滑油等。除油包括脱脂、除蜡。

3.2.1.1 污垢的种类与黏附

A 污垢的种类

污垢可分为以下几类：

（1）油脂污垢（油污）。这类油污大多是油溶性的液体或半固体，其中有动物和植物的油脂、脂肪酸、脂肪醇、矿物油和它们的氧化物等。它们常常与各种尘埃、屑末、碎粒混合在一起，构成油污。由于油污的表面张力比较小，因此对金属基体的黏附比较牢，而且在水中不能溶解掉。

（2）固体污垢。这类污垢属不溶性污垢，如尘埃、烟灰、泥土、水泥、棉绒、皮屑、石灰以及金属氧化物（如铁锈）等。固体污垢的颗粒一般都很小，直径约为1～20μm。它们可以单独存在，也可以与水、油混合在一起。这些污垢，一般都带负电，但也有带正电的，如炭黑、氧化铁等。

（3）水溶性污垢。这类污垢大多来自人类的分泌物和食品。它们在水中能溶解或部分溶解，也能在水中形成胶态溶液。例如，糖类、淀粉、果汁、有机酸、血液、尿液、蛋白质以及无机盐等。

上面这些污垢，往往不是单独存在的，而是互相连接、缠绕、包裹在一起，构成一个复合体。随着时间的延长，或受到外界条件（光、热）的影响，还会发生氧化、分解，或因微生物的作用而败坏，产生更为复杂的化合物。

B 污垢的来源

在金属制品表面常常黏附着污垢，其来源不外乎三个方面：

（1）工作场所产生的；

（2）空气流动传播的，特别是外面的风吹来的（对于涂装车间，室内空气要保持清洁，而且要正压，使室外的污垢不易飘进来）；

（3）人体身上带有的，所以操作人员要穿着工作衣帽，戴工作手套。

C 污垢的附着

污垢与金属基体的维系有三种情况：

（1）机械附着。金属在成型中所产生的微小颗粒，特别容易在固体表面的细小孔道中黏附。有些散落在固体表面的颗粒，特别当它与金属发生摩擦后，更易黏附。有的开始是可流动的（液体+粉末），当污垢进入表面的空隙中干固后，就产生了铆合作用（见图3-2），而形成机械的黏附。

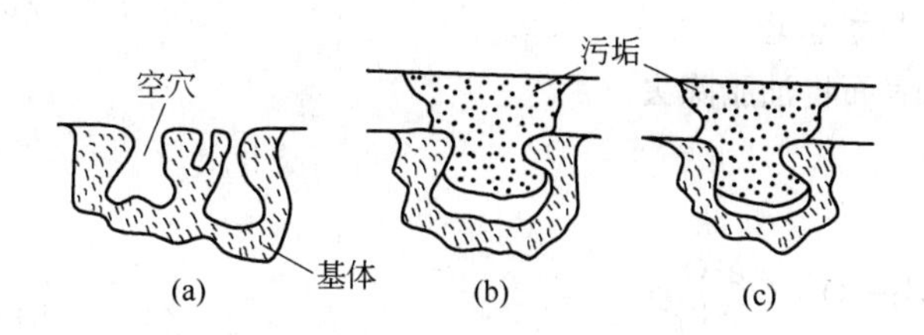

图3-2 机械黏附铆合作用

（2）分子间的相互引力。微小的质点如分子与分子之间存在着相互吸引的力，称做分子间力。污垢与金属间的黏附同样可以用这种分子间力来解释。分子间力是造成污垢附着在金属表面上的主要因素，特别是当污垢颗粒带有电荷时，就更容易聚结到金属表面上；如果污垢和金属表面所带的电荷相反，黏附就更为强烈。大多数污垢在水中带有负电，有些污垢如炭黑、氧化铁则带正电。水中总存在一些金属盐类（如钙盐、镁盐、铁盐），如果金属在中性或碱性的水溶液中也带有正电的话，通过这些离子的桥梁作用，带有负电的污垢就会强烈地黏附在金属表面上（见图3-3）。

（3）化学吸附与化学结合。化学吸附的本质是在固体表面与吸附物之间形成化学键。真正能与金属发生化学反应的吸附物是不多的，例如，氧在金属钨上的吸附同时有三种情况：1）有的氧是以原子状态被吸附的，这是纯粹的化学吸附；2）有的氧是以分子状态被吸附的，这是纯粹的物理吸附；3）还有一些氧是以分子状态被吸附在氧原子上面，形成多层吸附。

由此可见，物理吸附和化学吸附可以相伴发生。

污垢能在金属表面发生化学吸附的情况是很罕见的，较多的情况是，像黏土等其他一些极性污垢，它们能够吸附 OH^- 或 H^+，因此可以与金属表面发生一种称为氢键的连接。因此，像蛋白质、脂肪酸一类的污垢在金属表面黏附特别牢固，就是发生氢键的缘故。

实际上在工业环境中除了氧和水蒸气外，还可能存在 CO_2、SO_2、NO_2 等各种污染气体，它们吸附于材料表面生成各种化合物。污染气体的化学吸附和物理吸附层中的其他物质，如有机物、盐等与金属表面接触后，也留下痕迹。图3-4所示为金属材料在工业环境中被污染的实际表面示意图。

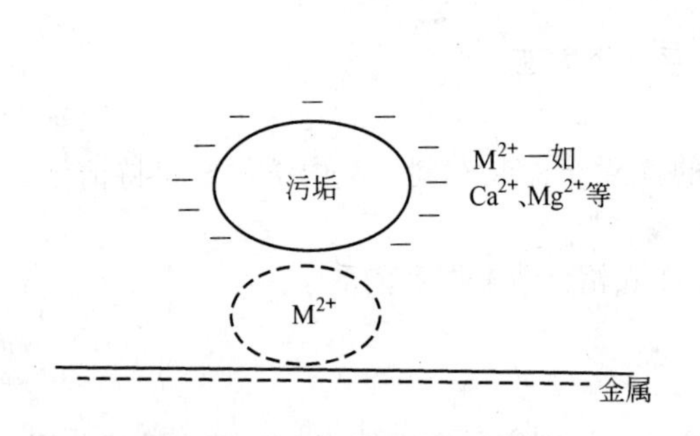

图3-3　多价金属的桥梁作用

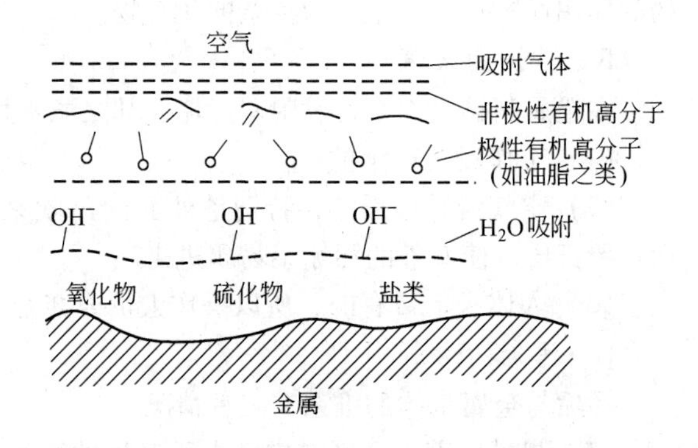

图3-4　金属材料在工作环境中被污染的实际表面

3.2.1.2　除油、去污方法的基本原理

A　除油方法的基本原理

除油就是从金属表面将油脂除去。

a　皂化

皂化反应如：

$$\begin{array}{l} CH_2-O-CO-R_1 \\ | \\ CH-O-CO-R_2 \\ | \\ CH_2-O-CO-R_3 \end{array} + 3NaOH \underset{\text{水溶液}}{\rightleftharpoons} 3R-\overset{O}{\overset{\|}{C}}-ONa + \begin{array}{l} CH_2-OH \\ | \\ CH-OH \\ | \\ CH_2-OH \end{array}$$

甘油三（酸）酯　　高级脂肪酸钠盐（肥皂）　丙三醇（甘油）

式中，R_1、R_2、R_3 为各种脂肪酸的烃基，可以相同，可以不同。

通过皂化反应（须加热），天然的动物、植物油脂（甘油三酯）被 NaOH 皂化，生成肥皂和甘油，后两种物质都溶于水。但是，不可皂化的矿物油脂不能去除。

b 溶解

有些有机溶剂（常温时液态）与油脂在化学结构上有相似性，利用相似相溶这一原理，将黏附在金属表面上的油脂溶解掉。溶解除油，既能除去可皂化油脂，又能除去不可皂化的矿物油脂。

c 乳化

油脂是非极性分子，而水是极性分子，所以油脂是不溶于水的。但是通过表面活性剂这种化合物，通过乳化增溶的过程，油水就能相溶了。这样，油脂就能从金属表面上转移到含有表面活性剂的洗涤液中。

B 去污方法的基本原理

为了去掉黏附在金属表面上的污垢，必须将 Ca^{2+}、Mg^{2+} 的"桥梁"拆掉。所以在去油剂的配方中，常常加入一些金属离子的络合剂，如三聚磷酸钠、乙二胺四乙酸二钠（EDTA-2Na）、柠檬酸钠等。这些络合剂能将 Ca^{2+}、Mg^{2+} 等离子络合后溶于水。这样，一些带有负电的污垢就能离开金属表面，进入溶液中去。

为了除去机械附着的污垢，可用水作为介质，通过刷、擦、冲将污垢从金属表面除去；或者通过在溶液中浸泡，通过加热，使水发生对流；也可通过搅拌溶液加速污垢从金属表面离开，分散到溶液中去。

为了防止脱离的污垢再沉积，常常在洗涤剂中加入一些抗再沉积剂，如羧甲基纤维素（CMC），有的称做污垢悬浮剂。

3.2.1.3 表面活性剂除油原理

A 双亲结构

表面活性剂是一种化合物的名称，这种化合物的分子都有一个共同的基本结构，分子的一端是由一个较长的碳氢链（烃基）组成的，它是疏水的，能溶入油中，但不能溶入水中（是非极性的），因此称为疏水基或亲油基；分子的另一端是较短的极性基团，它能溶入水中，而不能溶入油中，称为亲水基。表面活性剂的分子结构，即双亲结构如图 3-5 所示。

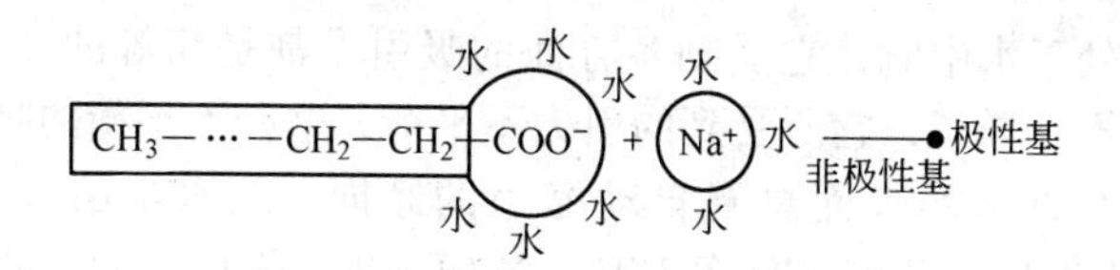

图 3-5 肥皂的分子结构示意图（在水中）

B 胶束形成

表面活性剂分子溶入水中，形成胶束，如图 3-6 所示。

表面活性剂溶于水中后，它们的分子排列成以下两种情况：

（1）表面活性剂的分子都排列在水面，亲油基团朝外，向着空气，亲水基团朝内入水，像倒栽葱（见图 3-6(b)）。

（2）水中的表面活性剂分子由于它的长链烃基不亲水，而且彼此间又存在着分子吸引力，因此形成图 3-6(c) 所示状态，疏水基朝内，亲水基朝外，逐渐聚集成为几十个分子组成的胶束，胶束的形状可能是球形的、层状的或圆柱状的（见图3-7）。表面活性剂分子在水中溶解越多，形成的胶束也越多，开始形成胶束的浓度（即最低浓度）称做临界胶束浓度（cmc）。

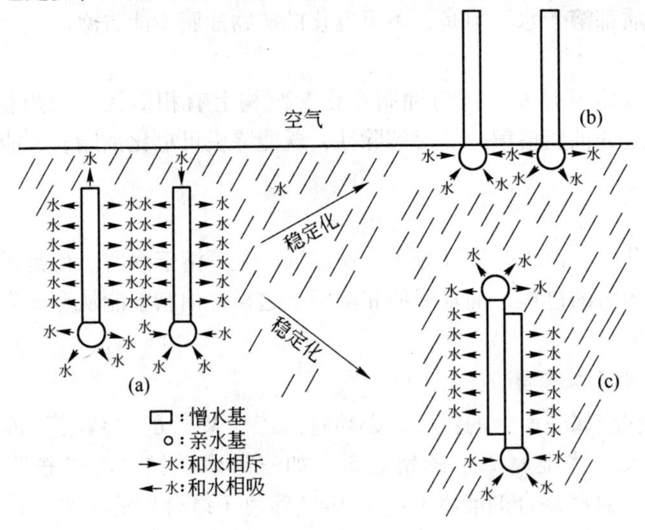

图3-6　表面活性剂分子在水中的活动

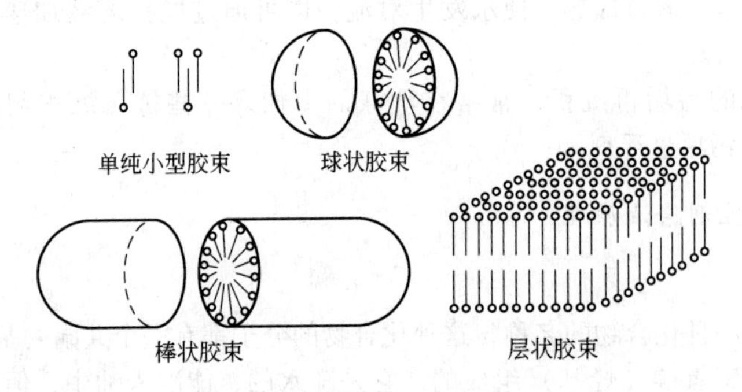

图3-7　各种胶束形状实例

C　降低水的表面张力

一个水分子当它处于水中时，它受到各方面的吸引力都是相等的（见图3-8）。而处于水表面的水分子情况就不一样了，它所受到的引力不平衡，这种不平衡的吸引力有将水表面上的分子向下拉的趋势，所以水的表面总有自动缩小的倾向。在水中溶入一些肥皂，肥皂分子（应为阴离子）在水表面形成胶束（见图3-9）。这样一来，表面上的水分子就少了，它们被水中分子吸引的力就低了，因此水的表面张力就大大降低了。

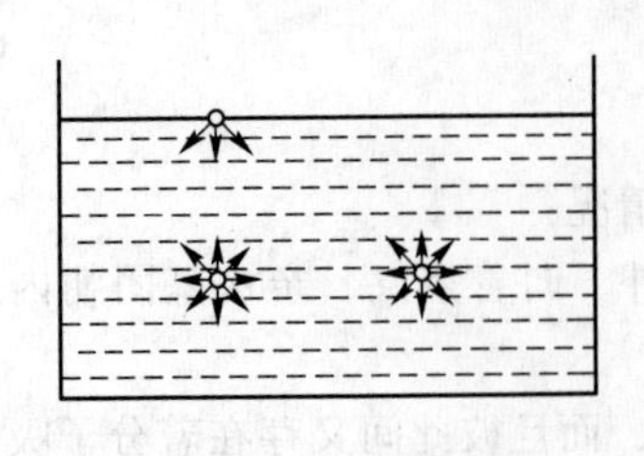

图3-8　表面水分子的受力情况

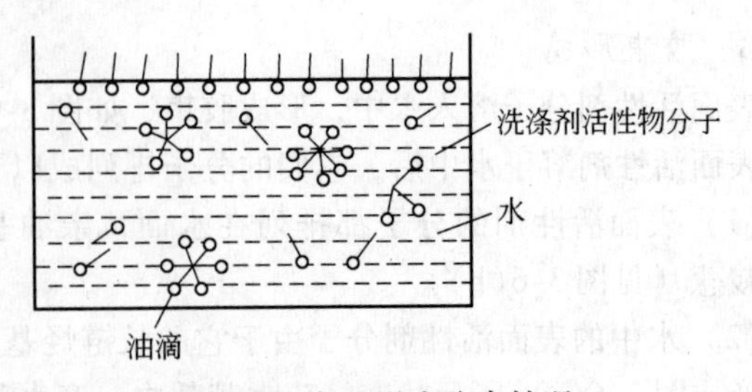

图3-9　水面形成胶束情况

D 润湿作用

一滴液体在固体表面很容易扩展开来，使表面湿润，甚至渗入到固体表面的微细孔道中，这是由于该液体具有湿润作用的缘故。这种现象大家都看到过，一滴煤油、酒精和水，滴到地上，它们在地上铺展开来，煤油、酒精润湿的面积比水大，这是因为煤油、酒精的表面张力只有水的1/3。

如果一块金属，它的表面被油脂沾污了，当水洒上去时，水就会形成一粒粒水珠，从金属表面滚下来，这就是说，水不能润湿被油脂沾污的金属。这是因为被油脂弄脏的金属，它的表面张力比较小，是疏水性的，而水的表面张力是比较大的，这就使得水滴力图保持成球形，因为球形在各种同样体积的几何形状中它的表面积最小，这样一来，水滴就不能在油脂弄脏的金属表面扩展开来，也就是说不能润湿了。但是，当水中加入一些表面活性剂后，表面活性剂的分子可以吸附在水的表面，使水的表面张力大大降低，这时，水就在这块金属表面铺展开来润湿它了。

E 乳化增溶

在一杯水中加上薄薄一层豆油，用力振荡，就可以发现，这两种互不相溶的液体经振荡后，油层被粉碎成细小的油滴与水互相混合，组成一个浑浊体。但是，静止不久，油水又重新分为上下两层。但是如果在这杯水中加入少许表面活性剂，再用力振荡，则油滴被分散成极细的液滴，分散在水中，形成牛乳状态，经过相当长的时间，仍不分层，这就称为乳化作用。

乳化作用的发生，与表面活性剂分子在水中定向排列有关。表面活性剂分子，它的亲油一端溶入到油滴中，它的亲水一端留在水中，这样，油滴周围就被表面活性剂分子包裹起来，使原来疏水性的油滴带有亲水的性质，就可以和水相溶了。换句话说，正是由于表面活性剂分子本身的定向吸附能力，在油滴表面形成了定向的保护层，降低了油滴和水面之间的表面张力（界面张力），再借助机械搅拌（或振荡），使油与水很好地乳化（见图3-10）。

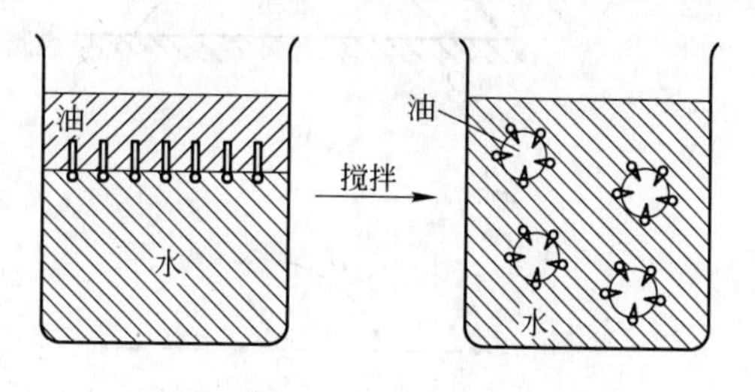

图3-10 表面活性剂乳化作用示意图

黏附在金属表面的油脂，同样通过表面活性剂的乳化作用，溶解到水中，这就称做乳化增溶作用。表面活性剂的除油作用如图3-11和图3-12所示。

F 分散作用

一般不溶于水中的固体颗粒如烟灰、尘土，在水中是容易下沉聚积的。当表面活性剂加入水中后，活性剂分子就能使固体粒子聚集体分割成极细的微粒，而完全分散悬浮在溶液中。这种促使固体粒子粉碎、均匀地分散于液体中的作用，称做分散作用。分散与乳化的区别在于分散作用是使固体分散在不溶性的液体中，而乳化作用是使液体分散在另一不溶性的液体中。

G 卷缩原理

一滴黏附在金属表面的油膜是怎样在含有表面活性剂的洗涤液中除去的，现在用图3-13来说明。

由图3-13可以看出，在研究的对象中存在着三种物质——油脂、金属及溶液。而每两种物质的接触面都存在界面张力，这就有3个界面张力，分别以σ_{12}（金属与液体之间）、σ_{23}（溶液与油膜之间）、σ_{13}（金属与油膜之间）表示。对于油膜的周围与金属表面的交界点O，三

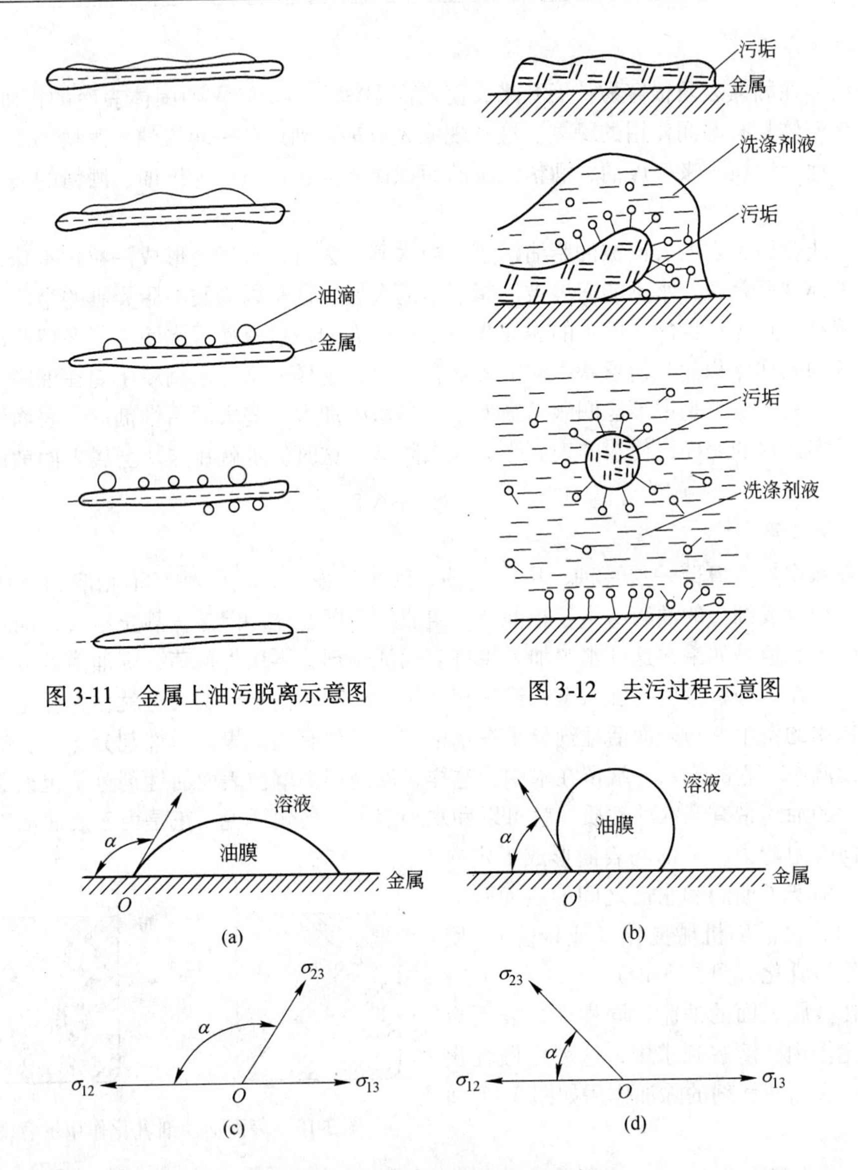

图 3-11　金属上油污脱离示意图

图 3-12　去污过程示意图

图 3-13　接触角及界面张力示意图

(a)接触角为钝角；(b)接触角为锐角；(c)接触角为钝角时 O 点受力情况；(d)接触角为锐角时 O 点受力情况

种物质同时存在，同时受着 3 个界面张力的作用，为了保持 O 点的平衡，必须满足下式要求：

$$\sigma_{12} + \sigma_{23}\cos\alpha = \sigma_{13}$$

$$\cos\alpha = \frac{\sigma_{13} - \sigma_{12}}{\sigma_{23}}$$

式中，$\cos\alpha$ 的数值是 α 角从 $0° \sim 90°$，$\cos\alpha$ 从 $1 \sim 0$；α 角从 $90° \sim 180°$，$\cos\alpha$ 从 $0 \sim -1$。

加入洗涤液中的表面活性剂能使界面张力降低，则 σ_{12} 和 σ_{23} 下降，这样 $\cos\alpha$ 的数值就上升，所以 α 角就从钝角（$90° < \alpha < 180°$）转变为锐角（$0° < \alpha < 90°$），这就意味着油膜发生了自动卷缩。如果 σ_{12} 的下降足够使得 $\sigma_{13} - \sigma_{12} = \sigma_{23}$ 时，即 $\cos\alpha = 1$，则 $\alpha = 0°$，这时，油膜就卷缩成球状，在外力的作用下，油脂就会滚离金属表面，如图 3-14 所示。

因此，若要使黏附在金属表面上的油脂在表面活化剂的作用下能够脱离金属，这油脂一定不能干固；对于已经干固结块的油脂，一是加入溶剂，使得溶剂分子渗透到油块中去，把它泡软；二是加热，使油块发软。

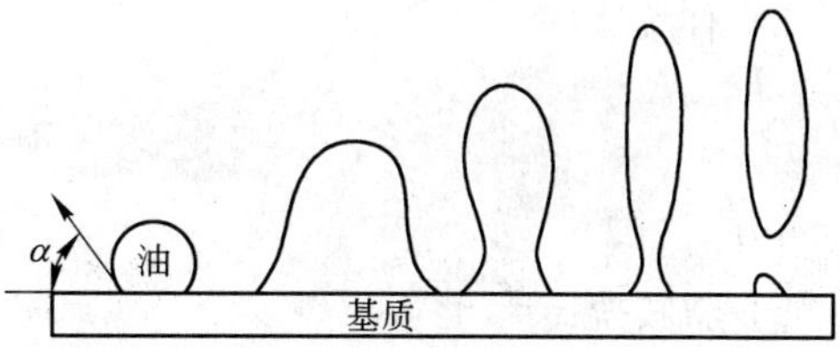

图3-14　当接触角 $0° < \alpha < 90°$ 的除去情况

3.2.1.4　表面活性剂的分类

表面活性剂的分类方法有多种，最常用和最方便的方法是按离子的类型分类。

按离子类型分类法，是指表面活性剂溶于水时，凡能电离、生成离子的，称为离子型表面活性剂；凡不能电离、生成离子的称为非离子型表面活性剂。离子型表面活性剂按生成的离子种类再进行分类。表面活性剂具体的分类如下：

(1) 阴离子（型）表面活性剂。在水中，它的极性基团（亲水基）是阴离子，常使用的有：

1）羧酸盐类（肥皂）：

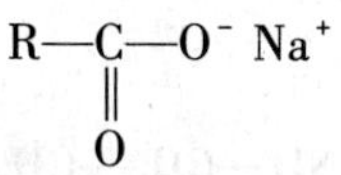

$$R-\underset{\underset{O}{\|}}{C}-O^- \ Na^+$$

$$(R-COO^- \ Na^+)$$

2）硫酸（酯）类：

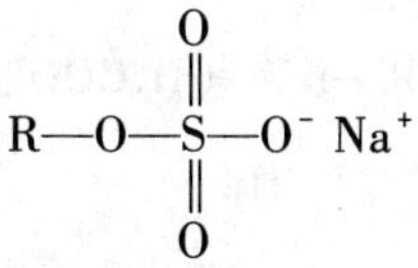

$$R-O-\overset{\overset{O}{\|}}{\underset{\underset{O}{\|}}{S}}-O^- \ Na^+$$

$$(R-OSO_3^- Na^+)$$

3）磺酸盐：

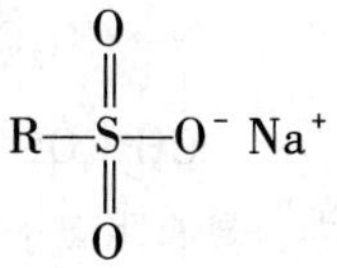

$$R-\overset{\overset{O}{\|}}{\underset{\underset{O}{\|}}{S}}-O^- \ Na^+$$

$$(R-SO_3^- Na^+)$$

4）磷酸（酯）盐：

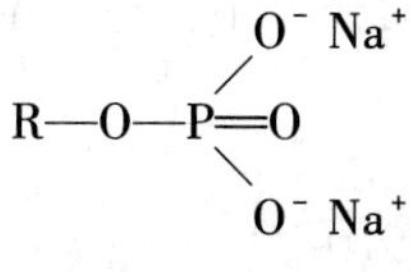

$$R-O-P(=O)(O^- Na^+)_2 \quad 或 \quad (RO)(R-O)P(=O)-O^- Na^+$$

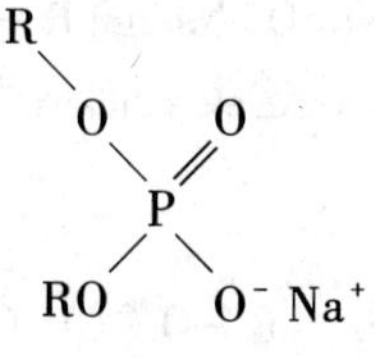

$$(R-O-PO_3Na_2) \qquad [\ (RO)_2-PO_2^- Na^+\ ]$$

（单酯盐）　　（双酯盐）

在阴离子表面活性剂分子中，它的非极性的亲油基有 R—或 $R-C_6H_4-$。

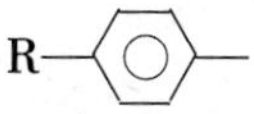

(2) 阳离子（型）表面活性剂。在水中它的极性基团（亲水基）是阳离子，常使用的有：

1）伯胺盐：

$$R-\overset{+}{N}H_3Cl^-$$

2）仲胺盐：

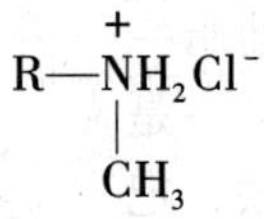

$$R-\overset{+}{N}H_2Cl^- \quad (N-CH_3)$$

3）叔胺盐：

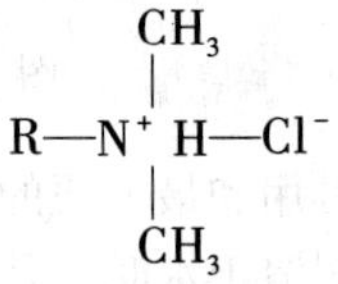

$$R-N^+(CH_3)_2\ H-Cl^-$$

4）季铵盐：

$$R-N^+(CH_3)_2-CH_3Cl^-$$

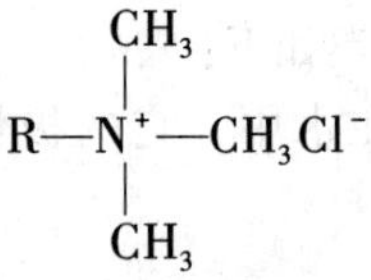

（3）两性表面活性剂：

1）氨基酸型：

$$R-NH-CH_2-CH_2-COOH$$

2）甜菜碱型：

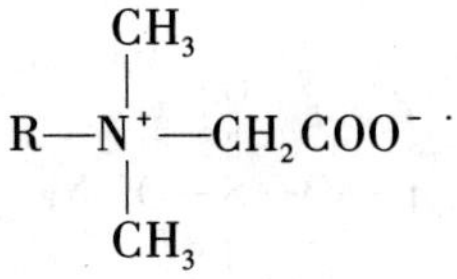

$$R-N^+(CH_3)_2-CH_2COO^-$$

3）咪唑啉型：

$$R-C(=N-CH_2-CH_2-)N-CH_2CH_2OH \quad (N-CH_2COO^-)$$

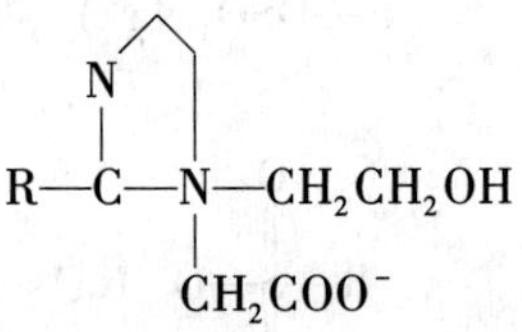

在以上这些两性表面活性剂的分子中，具有阴离子亲水基团的同时又具有阳离子亲水基团。

除此以外，还有其他一些类型的两性表面活性剂，如在分子结构中，具有阴离子亲水基团同时又具有非离子亲水基团，过去有人认为它是阴离子表面活性剂，如：

$$R-O{+}CH_2-CH_2-O{+}_nSO_3^-Na^+ \text{或} R-O{+}CH_2-CH_2-O{+}_nCH_2COO^-Na^+$$

（4）非离子型表面活性剂。在这类表面活性剂的分子中，它的亲水基是不带电子的原子团。

1）聚氧乙烯型：

$$R-O{+}CH_2CH_2O{+}_nH$$

亲油　　亲水

2）多元醇型：

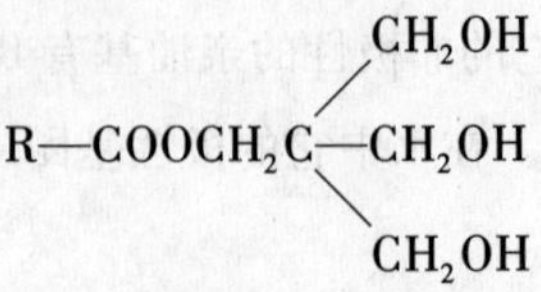

$$R-COOCH_2C(CH_2OH)_3$$

亲油　亲水

3）环氧乙烷、环氧丙烷共聚物：

$$RO\!-\!(C_3H_6O)_m\!-\!(C_2H_4O)_n\!-\!(C_3H_6O)_p\!-\!H$$

亲水　　亲水　　亲水

3.2.1.5 表面活性剂的特性指数

A 表面张力

各种液体或溶液都有表面张力。由于表面张力，水滴变成球形，水膜会自动收缩，如图3-15和图3-16所示。

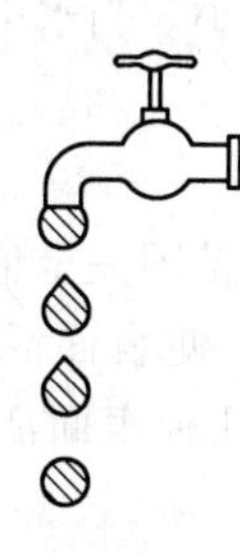

图3-15 水滴变成球形的过程

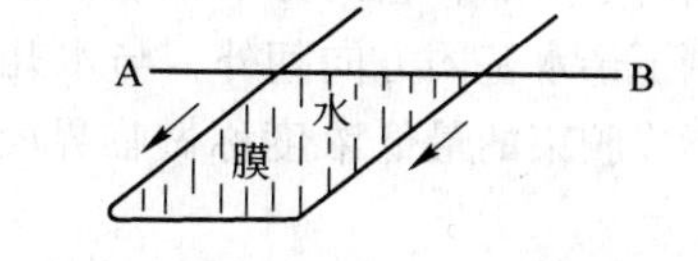

图3-16 水的表面张力

部分液体的表面张力见表3-2。部分表面活性剂（水溶液）的表面张力见表3-3。

表3-2 部分液体的表面张力

液 体	与液体接触的气体	温度/℃	表面张力/dyn·cm^{-1}
水 银	空 气	20	475
水	空 气	20	72.75
水	空 气	25	71.96
乙 醇	空 气	0	24.3
乙 醇	氮 气	20	22.55
甲 烷	辛烷气	20	21.7
苯	空 气	20	28.9
橄榄油	空 气	18	33.1

注：1dyn/cm = 0.001N/m，为表面张力常用单位。

表3-3 部分表面活性剂的表面张力（25～26℃）

溶液种类	质量分数/%	表面张力/dyn·cm^{-1}
水	0	91.97
油酸钠	0.4	24.9
松香酸钠	0.4	38.2
月桂酸钠	0.4	33.0
十二烷基苯磺酸钠	0.4	31.6
石油磺酸钠	0.4	31.4
吐温-20	0.4	34.9

续表 3-3

溶 液 种 类	质量分数/%	表面张力/dyn · cm^{-1}
OP-10	0.4	30.4
吐温-80(25℃)	1	41
司本-80(25℃)	1	32

注：1dyn/cm = 0.001N/m，为表面张力常用单位。

由表 3-2 和表 3-3 可以看出，水银的表面张力最大，当它落到地上，即呈球状。除水银外，水的表面张力也很大，而辛烷和苯等一些有机物的表面张力则较小。当水中加入一些表面活性剂后，表面张力就下降。

B　临界胶束浓度（cmc）

表面活性剂溶于水后，它的分子在水中形成胶束。它的憎水基团完全包在胶束内部，几乎与水脱离，只剩下亲水基团方向朝外，与水几乎没有相斥作用，使表面活性剂稳定地溶于水中。这种开始形成胶束的最低浓度称做临界胶束浓度（cmc）。几种表面活性剂的临界胶束浓度见表 3-4。

表 3-4　几种表面活性剂的临界胶束浓度

表面活性剂	测量温度/℃	cmc/mol · L^{-1}
棕榈酸钠	52	0.0032
月桂醇酸钠	25	0.0081
十二烷基苯磺酸钠	60	0.0012

C　亲水亲油（憎水）平衡值（HLB 值）

HLB 值作为表面活性剂亲水性的指数，其含义是表面活性剂中亲水基的亲水性和憎水基的憎水性之比：

$$\mathrm{HLB} = \frac{\text{亲水基的亲水性}}{\text{憎水基的憎水性}}$$

如果表面活性剂的亲水基团相同时，憎水基团碳链越长（摩尔质量越大）则憎水性越强，因此憎水性可以用憎水基的摩尔质量来表示。对于亲水基，由于种类繁多，用摩尔质量表示其亲水性不一定都合理，但对于聚乙二醇和多元醇非离子表面活性剂确实是摩尔质量越大亲水性就越大，所以这类非离子型表面活性剂的亲水指标可以用其亲水基的摩尔质量大小来表示。为此，格里芬（Griffin）提出了非离子型表面活性剂的 HLB 值计算如下：

$$\mathrm{HLB} = \frac{\text{亲水基部分的摩尔质量}}{\text{表面活性剂的摩尔质量}} \times \frac{100}{5}$$

或

$$\mathrm{HLB} = \frac{\text{亲水基质量}}{\text{憎水基质量} + \text{亲水基质量}} \times \frac{100}{5}$$

或

$$\mathrm{HLB} = (\text{亲水基的质量分数}) \times \frac{1}{5}$$

例如石蜡没有亲水基，它的 HLB 为零；完全是亲水基的聚乙二醇的 HLB 为 20。非离子型表面活性剂的 HLB 值在 0～20 之间。

又如，1mol 壬基酚加成 9mol 环氧乙烷（摩尔质量为 44）的非离子表面活性剂（$C_9H_{19}-\langle\bigcirc\rangle-O\leftarrow CH_2CH_2O \rightarrow_9 H$），其 HLB 为：

$$HLB=\frac{44\times 9}{220+44\times 9}\times\frac{100}{5}=12.86$$

HLB 值小，表明该表面活性剂的亲油性很强，但水溶性较差，用于洗涤时难于漂洗；而 HLB 值大，表明该类表面活性剂亲水能力很强，水溶性好，但不利于在两相界面的吸附，即脱脂性较差。作为脱脂洗涤用的表面活性剂，其 HLB 值在 13～15 之间为宜。

D 非离子表面活性剂的浊点

浊点通常是指水溶液浑浊时的温度。将含 1% 非离子表面活性剂的（纯）水溶液慢慢加热，随着温度逐渐上升，由于表面活性剂从水中析出，因此溶液从透明变成浑浊，再冷却，使温度下降，溶液又变成澄清。这种溶液由清变浑，再由浑变清时的临界温度称为表面活性剂的浊点，是非离子表面活性剂的特有属性。

非离子表面活性剂在水中不发生电离。例如，聚氧乙烯型非离子表面活性剂 $R-O\leftarrow CH_2CH_2O\rightarrow_n H$，它的亲水性是由于它的分子链中的氧原子（O）与水分子发生了氢键连接，这种连接是不太牢固的。随着温度升高，分子热运动加剧，造成氢键断裂，致使结合的水分子逐渐脱离，非离子表面活性剂在水中的溶解度也逐渐减小，转为不溶于水。这样，非离子表面活性剂溶液就从透明的变成白色浑浊的乳状液。

在非离子表面活性剂的水溶液中加入盐类等电解质也同样会减少氢键连接，这样浊点也就下降。在聚氧乙烯型非离子表面活性剂中，碳链（R—）越长，浊点越低；物质的量 n 越大，则浊点越高，其亲水性也越好。

对于壬基酚（$C_9H_{19}-\langle\bigcirc\rangle-OH$）系非离子型表面活性剂，其环氧乙烷加成数、HLB 值、浊点之间的关系见表 3-5。

表 3-5 壬基酚环氧乙烷加成数、HLB 值、浊点之间的关系

加成数	HLB 值	浊点/℃
8	12.1	20～30
9	12.5	46～55
10	12.8	61～67
11	13.4	70～76
12	14.0	77～83

3.2.1.6 除油常用的表面活性剂

配置洗涤剂时，常用来除油的表面活性剂见表 3-6。

表 3-6 常用除油的表面活性剂

序号	名 称	化 学 式	特性与指标	用 途
1	乳化剂 FAE（脂肪醇聚氧乙烯醚）	$RO\leftarrow CH_2CH_2O\rightarrow_n H$ $R:C_{12}\sim C_{16}$ $n:8$	淡黄色黏稠液体，1%蒸馏水溶液浊点大于40℃	乳化剂，渗透剂，净洗剂等

续表 3-6

序号	名　称	化 学 式	特性与指标	用　途
2	匀整剂 102（脂肪醇聚氧乙烯醚）	$RO\!\left(CH_2CH_2O\right)_nH$ $R:C_{12}\sim C_{18}$ $n:25\sim30$	1%活性物，在10%的氯化钙水溶液中浊点大于83℃	净洗，匀染，乳化剂
3	平平加-20（月桂醇聚氧乙烯醚）	$RO\!\left(CH_2CH_2O\right)_nH$ $R:C_{12}H_{25}$ $n:20$	乳白色膏体，中性，浊点 100℃，HLB 值 16.5	乳化，分散，净洗剂
4	乳化剂 OP-10（烷基酚聚氧乙烯醚）	$R-C_6H_4-O\!\left(CH_2CH_2O\right)_{10}H$ $R:C_nH_{2n+1}$ $n:8\sim9$	淡黄色黏稠物，中性，浊点 65℃，HLB 值 14.5	乳化，净洗剂
5	乳化剂 TX-10（壬基酚聚氧乙烯醚）	$R-C_6H_4-O\!\left(CH_2CH_2O\right)_{10}H$ $R:C_9H_{19}$	无色黏稠液体，HLB 值 12～13（理论值），pH 值 5.0～7.0（1%水溶液），浊点：60～80℃（1%水溶液）	乳化剂，净洗剂
6	乳化剂司本-80（失水山梨醇油酸酯）	$C_{17}H_{33}COO$ │ $CH-CH-OH$ H_2C　　$CH-CH-CH_2$ O　　OH　OH	黄至褐色黏稠油状物，酸值 6～7，皂化值 153～157，羟值 200～220，不溶于水，溶于油及有机溶剂	作为亲油性乳化剂，用于配制水/油型乳液，作矿物油中助溶剂
7	乳化剂吐温-80 失水山梨醇油酸酯聚氧乙烯醚	O $C_{17}H_{33}-O$ $CH-CHO\!\left(CH_2CH_2O\right)_{n_1}H$ H_2C　　$CH-CH-CH_2$ O　　O　　$O\!\left(CH_2CH_2O\right)_{n_2}H$ $H_{n_3}\!\left(OCH_2CH_2\right)$	黄色油状物，酸价 1，皂化值 45～51，碘值 20，羟值 75～83，溶于水，呈透明液	作亲水乳剂，用以配制油/水型乳液，作硅油乳化剂，常与 S-80 拼混使用
8	消泡剂 7010（聚氧乙烯聚氧丙烯醚）	$HO\!\left(C_2H_4O\right)_n\!\left(C_3H_6O\right)_p\!\left(C_2H_4O\right)_nH$	淡黄色稠厚液体，pH 值中性，HLB 值8～10，溶于水微量浑浊	有良好的消泡性，有抑泡作用
9	聚醚 2020（聚氧乙烯聚氧丙烯醚）	$HO\!\left(C_2H_4O\right)_n\!\left(C_3H_6O\right)_p\!\left(C_2H_4O\right)_n-H$ 其中聚丙二醇$\left(C_3H_6O\right)_p$的相对分子质量为2000，聚氧乙烯的质量分数占20%	米黄色半固体，有一定流动性，中性，水中分散微浑浊，浊点大于10℃	为低泡净洗剂组分之一
10	烷基磺酸钠（石油磺酸钠，石油皂，AS）	RSO_3Na $R:C_{14}\sim C_{18}$的烃基为主	白色或琥珀色无味粉末或膏状物，溶于水，对碱水和硬水都稳定	用作起泡剂
11	烷基苯磺酸钠	$RC_6H_4SO_3Na$	白色或淡黄色粉末或片状固体，溶于水呈半透明溶液，对碱、稀酸和硬水都较稳定，抗钙、抗盐性能较强，在淡水中起泡性很强	用作泡沫剂，硬水中的洗涤剂，与司本-80 配合可用作乳化剂

续表 3-6

序号	名 称	化 学 式	特性与指标	用 途
12	三乙醇胺油酸皂	$C_{17}H_{33}COOHN(CH_2CH_2OH)_3$	褐色膏体,酸值小于90,能溶于水	乳化剂,净洗剂兼有防锈性
13	净洗剂 6501(十二烷基二乙醇酰胺(1:2))	$RCON(CH_2CH_2OH)_2 \cdot NH(CH_2CH_2OH)_2$	琥珀色黏稠液体,水溶性好,能稠化水,活性物 76%	乳化剂,稳泡剂,洗涤剂,有缓蚀作用
14	净洗剂 6503(椰子油烷基醇酰胺磷酸酯)	$RCON(CH_2CH_2OH)CH_2CH_2O-P(=O)(O^-)-OCH_2CH_2N^+H_2CH_2COH$	琥珀色黏稠液体,在盐类电解质水溶液中溶解性好,并有良好的去污、乳化、发泡作用	用于净洗剂,适用于热处理后工件除盐去油清洗
15	十二烷基硫酸(酯)钠(K12)	$C_{12}H_{25}-O-SO_3Na$	白色粉末阴离子表面活性剂,由于是酯,故在高温的碱性水溶液中要发生水解	用于洗涤剂,去油污能力较强,在镀镍槽中可作润湿剂,减少针孔
16	脂肪醇聚氧乙烯(醚)硫酸(酯)钠(AES)	$C_{12}H_{25}O(C_2H_4O)_3SO_3Na$	有良好的增溶性、溶解性和洗涤能力,性能也比较缓和	用于净洗剂和乳化剂

从表 3-6 可看出，作为除油脱脂之用，阴离子和非离子表面活性剂是最佳选择；两性表面活性剂也可用于洗涤剂中，但由于它的价格较贵，目前在电镀行业中较少使用；阳离子表面活性剂不能在除油、净洗中应用。

3.2.2 常用除油方法

常用除油方法有：有机溶剂除油、化学除油、电化学除油、擦拭除油和滚筒除油。这些方法可单独使用，也可联合使用。若在超声波内，进行有机溶剂除油或化学除油，速度会更快，效果更好。

常用的几种除油方法的特点及应用范围见表 3-7。

表 3-7 常用除油方法的特点及应用范围

除油方法	特 点	应用范围
有机溶剂除油	速度快,能溶解两类油脂,一般不腐蚀零件,但除油不彻底,需用化学或电化学方法进行补充除油,多数溶剂易燃或有毒,成本较高	用于油污严重的零件或易被碱液腐蚀的金属零件的初步除油
化学除油	设备简单,成本低,但除油时间较长	一般零件的除油
电化学除油	除油快、彻底,并能除去零件表面的浮灰、侵蚀残渣等机械杂质,但需要直流电源,阴极除油时,零件容易渗氢,去除深孔内的油污较慢	一般零件的除油或清除侵蚀残渣

续表 3-7

除油方法	特　点	应用范围
擦拭除油	设备简单，但劳动强度大，效率低	大型或其他方法不容易处理的零件
滚筒除油	工效高，质量好	精度不太高的小零件

3.2.2.1　溶剂除油

有机溶剂除油是利用有机溶剂对动植物油脂和矿物油脂的溶解作用除油。用有机溶剂除油，一般除油速度较快，对金属无腐蚀作用，但除油一般不彻底，当附在零件上的有机溶剂挥发后，其中溶解的油脂仍将残留在零件上，所以有机溶剂除油后，必须再采用化学除油或电化学除油。大多数溶剂易燃、有毒，尤其是氯化烃类溶剂还会破坏大气中的臭氧层。

A　常用溶剂

对油脂溶解性能较好的有机溶剂有：

（1）石油溶剂。如 200 号溶剂汽油（又称松香水）、120 号汽油（工业汽油）、高沸点石油醚以及煤油等。这些溶剂对油脂溶解能力较强，挥发性较低，无特殊气味，毒性低，价格适中，因此应用较广。缺点是易着火，长期接触对人体有害，故使用时应加强通风。

（2）芳烃溶剂。常用的有苯、甲苯、二甲苯和重质苯等。它们对油脂的溶解能力大于石油溶剂，但对人体的危害较大，挥发性高，尤其是苯，属易燃、有毒的危险品，应禁止作溶剂使用。

（3）氯化烃溶剂。如二氯甲烷、三氯乙烷、三氯乙烯、四氯乙烯、四氯化碳等。它们对油脂的溶解能力强，不燃烧，蒸气密度大，可加热清洗；但毒性较大，适合于封闭型的脱脂机中使用。

三氯乙烷有 1,1,2-三氯乙烷和 1,1,1-三氯乙烷两种同分异构体。1,1,1-三氯乙烷因其分子结构中含有甲基（$—CH_3$），它在脂肪族卤代烃中是毒性最低的物质之一。干燥的 1,1,1-三氯乙烷对常用的金属无腐蚀性，但有水存在时会分解出氯化氢，对铝的作用强烈。

三氯乙烯在光（紫外线）、热（大于120℃）、氧和水的作用下，特别是受铝和镁的催化作用，会分解出剧毒的光气 $\mathrm{Cl—\underset{\underset{\displaystyle O}{\|}}{C}—Cl}$ 和氯化氢气体，因此使用时常加入一些胺类化合物作稳定剂，如二乙胺和三乙胺等。

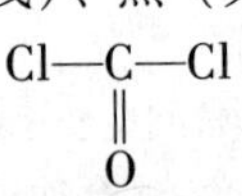

（4）氟利昂。化学成分是氟氯烷。作为清洗剂三氟三氯乙烷 $\begin{array}{c} \mathrm{Cl}\ \ \mathrm{F} \\ |\ \ \ | \\ \mathrm{F—C—C—F} \\ |\ \ \ | \\ \mathrm{Cl}\ \ \mathrm{Cl} \end{array}$ （通常称氟利昂-113 或 F-113）使用较多。它是无色液体，沸点为 47.6℃，化学性质稳定，在空气中不发生燃烧和爆炸，且无毒，对金属和聚合物无腐蚀性。三氟三氯乙烷是醇、卤代烃、脂肪烃、芳香烃、酚类以及油脂类的优良溶剂。但是，氟利昂的蒸气升入高空后，在太阳光中紫外线的作用下会分解出氯自由基 Cl·，同臭氧层中的臭氧（O_3）发生化学反应，从而破坏大气中的臭氧层。

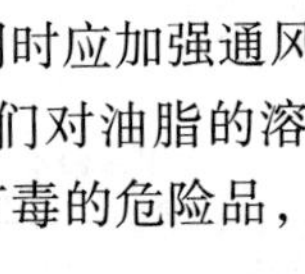

F-113 的沸点低，易液化，蒸气密度大，因此适用于蒸气清洗或气相除油。

（5）醇类。如乙醇（变性酒精）、异丙醇、丁醇、2-甲基丁醇（异戊醇）等。

常温下，乙醇对油脂的溶解能力小，温度提高，溶解能力增大。变性酒精是在工业酒精内掺有甲醇，甲醇有毒，能伤害眼睛，为防止含有甲醇的酒精饮用，故将此酒精着色，所以称为变性酒精。

(6) 酮类。如丙酮。

(7) 烷烃类。如戊烷、己烷、庚烷、辛烷以及环烃烷（主要是环己烷）等。

常用有机溶剂的物理化学特性见表3-8。

表3-8 常用有机溶剂的物理化学特性

名 称	分子式	相对分子质量	密度 /g·cm^{-3}	沸点 /℃	蒸气比重①	燃烧性	爆炸性	毒性
汽 油		85~140	0.69~0.74					
酒 精	C_2H_5OH	46	0.789	78.5				
苯	C_6H_6	78.11	0.895	80	2.695	易	易	有
甲 苯	$C_6H_5CH_3$	92.13	0.866	110~112	3.18	易	易	有
二甲苯	$C_6H_4(CH_3)_2$	106.2	0.897	136~144	3.66	易	易	有
丙 酮	C_3H_5O	58.08	0.79	56	1.93	易	易	无
二氯甲烷	CH_2Cl_2	84.94	1.316	39.8	2.93	不	易	有
四氯化碳	CCl_4	153.8	1.585	76.7	5.3	不	不	有
三氯乙烷	$C_2H_3Cl_3$	133.42	1.322	74.1	4.55	不	不	无
三氯乙烯	C_2HCl_3	131.4	1.456	86.9	4.54	不	不	有
四氯乙烯	C_2Cl_4	165.85	1.613	121	5.83	不	不	无

① 蒸气比重是指物质的蒸气与同温、同压、同体积空气相比的比值。

B 常用的溶剂除油方法

常用的溶剂除油方法有：

(1) 浸洗法。将零件浸泡在有机溶剂中，不断搅动。

(2) 喷淋法。将有机溶剂喷淋到金属制品上，使其沾污的油脂被溶解下来，反复喷淋，直到所有的油污都洗净为止。除沸点低、易挥发的丙酮、汽油和二氯甲烷外，其他的有机溶剂都可用来喷淋除油。喷淋除油最好在密封容器内进行。

(3) 蒸气洗法。将有机溶剂装在密闭容器底部，要洗净的零件悬挂在溶剂上面，将溶剂加热，挥发的溶剂蒸气上升，在零件表面冷凝成液体，将油脂溶解后又回落到底部，这样反复循环，除净油污。

(4) 联合法。可采用浸洗和蒸气洗联合或采用浸洗、喷淋和蒸气洗联合除油。

采用三氯乙烯作溶剂的三槽除油工艺效果较好，其工作原理如图3-17所示。

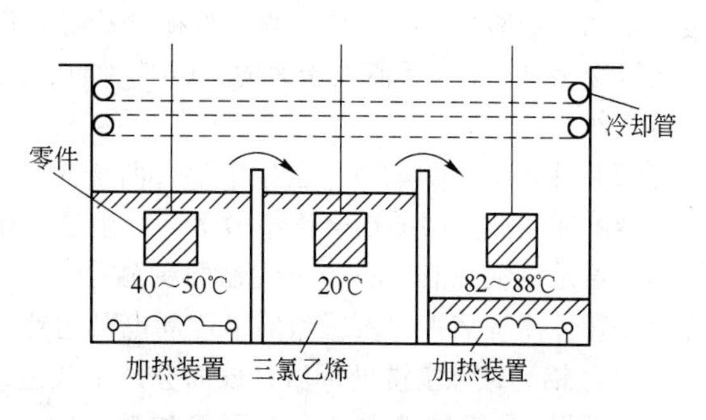

图3-17 三槽式联合除油装置示意图

零件在第一槽中加热浸泡，能溶解大部分的油污；在第二槽中用比较干净的溶剂再除去零件上残留的油污；最后在第三槽中用三氯乙烯进行蒸气除油。由于三氯乙烯的蒸气比空气重，故不易从槽口逸出；除油槽上部有冷却装置，用来冷凝逃逸出来的三氯乙烯蒸气。

若在第一槽中加入超声波装置可加速油污的清除，特别能将抛光膏迅速除去。若加喷淋装置，则可将大颗粒灰尘、粉末等污染物快速冲刷掉（当有机溶剂中油污的混入量达到25%时，应更换新的溶剂，以免污染零件）。

使用三氧乙烯时应特别注意安全。

3.2.2.2　化学除油

化学除油的槽液有碱性的，也有酸性的，在这两种槽液中除碱、酸以外，还有表面活性剂等各种添加剂。

铝及铝合金的除油，早期沿用钢铁的除油工艺，即碳酸钠、磷酸三钠和水玻璃溶液，操作温度为40～70℃，时间为5～15min。20世纪60年代起，人们采用氢氧化钠或碳酸钠添加磷酸钠、络合剂、非离子表面活性剂、阴离子表面活性剂在室温下脱脂，时间为3～5min。从80年代开始，酸性脱脂逐步发展起来，槽液主要是 H_2SO_4（也有用 H_3PO_4），加入 HF、Fe^{3+}、H_2O_2、NO_2^- 和非离子表面活性剂，室温下操作，时间为3～15min。这种工艺效率高，不污染后续槽液，现在应用越来越广泛。

A　碱性除油

碱性除油工艺见表3-9。

表3-9　碱性除油配方及操作条件

溶液成分及操作条件	配方1	配方2	配方3
$NaOH/g \cdot L^{-1}$	50～200		
$Na_2CO_3/g \cdot L^{-1}$		10～20	15～20
$Na_3PO_4 \cdot 12H_2O/g \cdot L^{-1}$		10～20	
$Na_4P_2O_7 \cdot 10H_2O/g \cdot L^{-1}$			10～15
$Na_2SiO_3/g \cdot L^{-1}$		10～20	10～20
OP乳化剂$/g \cdot L^{-1}$		1～3	1～3
温度/℃	40～80	60～80	60～80
时间	至油除尽	至油除尽	至油除尽

说明：

（1）由于铝是两性金属，因此除油液的碱性不能太强，pH值控制在10～11为宜。

（2）在碱性洗液中应加入缓蚀剂，常用的缓蚀剂有硅酸盐、铬酸盐、聚磷酸盐、硝酸盐、氟化物和氟硅酸盐、有机化合物如柠檬酸盐等。近来研究表明，稀土元素是一种防腐效果优良的阴极缓蚀剂，在pH值大于8时，Co^{2+}、Ni^{2+}、La^{3+}、Y^{3+}、Pr^{3+}、Nd^{3+}、Ce^{3+}等对铝合金均有缓蚀作用。

（3）用配方1除油时，会发生铝表面全面均匀腐蚀，产生消光效果。铝用NaOH进行浸洗时，溶解在浸洗液中的铝会逐渐增多，产生氢氧化铝沉淀，沉淀物堆积在槽底，会形成坚硬的固体。若是在浸洗液中添加一些葡萄糖酸钠（每升几克），则就可避免上述情况的发生。同样，在碱性浸洗液中加入适当的络合剂也可达到一样的效果。

（4）铝经碱性浸洗处理后，表面会产生灰色或黑色附着物，称做“挂灰”或“污斑”。这种“挂灰”，是铝制件中的合金元素如硅、铁、镁、铜之类或杂质在铝制件上的沉积，可用

30% HNO_3 加以清除。除硝酸外，也可用硫酸清除“挂灰”，但时间要长，且难以彻底清除，因为硝酸是氧化性酸，而除浓硫酸外的硫酸不是氧化性酸。在一般情况下，金属在氧化性酸液中的溶解比较迅速。若用硫酸来清除“挂灰”，则须加入双氧水，配方为：H_2SO_4（密度为 1.84g/cm^3）100mL/L；H_2O_2（质量分数37%）50mL/L；室温下浸15～60s。

B 酸性除油

a 原理

酸性除油是用5%～25%的硫酸溶液溶解铝基体上自然氧化膜和油污，达到除油的目的。硫酸浓度在5%以下，虽然也可除油，但它对氧化膜和油污的溶解能力较低，一般不采用。如果硫酸浓度大于25%，则它的黏度增大，反而降低了对氧化膜和油污的溶解能力，而且浓度过大的溶液会带出过多的硫酸，造成浪费。

硫酸除油液的操作温度在60～80℃为宜。一般来说，温度每增加10℃时，化学反应速度就增加一倍。因此，室温时的除油速度和60℃时相比，要相差16倍。当除油液温度高于80℃时，因除油能力过强会导致铝表面粗糙，同时还会出现局部化学抛光面；另外，液温过高会产生大量水汽，使除油液的硫酸浓度变大。

上述硫酸除油的时间在1～3min。

b 配方介绍

配方为（由武汉材料保护研究所研制）：H_2SO_4 100～180g/L；脱脂剂20～30mL/L；温度为20～40℃；时间为3～7min。

上述铝的酸性脱脂剂主要由无机酸、氧化剂、高价金属离子以及表面活性剂等组成。其中无机酸可以是硫酸、磷酸、亚磷酸、硼酸和氢氟酸等。硫酸对铝有弱侵蚀能力，能润湿整个基体表面，使铝的自然氧化膜溶解，油污松动。高价金属离子一般选用 Fe^{3+}，以硫酸（高）铁、硝酸铁等盐加入，它可以加速铝的腐蚀。Fe^{3+} 可以在铝表面发生置换反应，形成微电池，使铝表面产生微量氢气，将油污带出铝的表面；同时 Fe^{3+} 还可抑制除油液对不锈钢设备的腐蚀。氧化剂主要是 H_2O_2 或 $NaNO_2$ 等，作为 Fe^{3+} 的稳定剂，将还原产生的二价铁离子氧化成三价，并起到 Fe^{3+} 类似的功能。由于亚硝酸盐在酸性溶液中易释放 NO_x 有毒气体，因此最好使用 H_2O_2 作氧化剂。加入表面活性剂可提高铝表面的润湿性，降低油污的附着力，使油污乳化后均匀地分散到除油液中。在酸性除油液中，选择耐酸的非离子或阴离子表面活性剂，如长链脂肪醇聚氧乙烯醚、烷基酚聚氧乙烯醚、烷基二甲基胺氧化物为最佳。

C 化学除油实例

市售净洗剂的成分与性能见表3-10。

表3-10 净洗剂的成分与性能

名 称	成 分	质量分数/%	性 能
净洗剂105	脂肪醇聚氧乙烯醚 十二烷基二乙醇酰胺 辛(烷)基酚聚氧乙烯醚 水	24 24 12 40	黄色黏稠状液体，0.25%水溶液(50℃)罗氏泡高大于140mm，实际使用1%～3%水溶液
净洗剂664	净洗剂105 三乙醇胺油酸皂	50 50	黄褐色黏稠状液体，净洗效果较好；使用1%～3%水溶液，最好用超声波清洗；温度为60℃

续表 3-10

名　称	成　　分	质量分数/%	性　　能
净洗剂 741	烷基醇酰胺 脂肪醇聚氧乙烯醚 OP-10 三乙醇胺油脂皂 水	12 10 15 43 余量	棕色黏稠状液体，净洗效果较好，与净洗剂 664 相似，使用 1% ~3% 水溶液
净洗剂 711	聚氧乙烯聚氧丙烯辛烷基醚 脂肪醇聚氧乙烯聚氧丙烯醚 月桂酸二乙醇酰胺 三乙醇胺油脂皂 水	20 15 10 25 30	黄色黏稠状液体
净洗剂 SP-1	聚醚 2040 聚醚 2070 聚醚 2020 TX-10 亚硝酸钠 蓝色颜料，香料 水	25 1.5 1.5 3 3 适量 余量	绿色透明液体，略有香味，泡沫少，可在室温下使用，净洗效果比净洗剂 664 差
净洗剂 HD-2	磺化油（DAH） 油酸二异丙醇酰胺 聚醚消泡剂（消泡剂 D.F） 石油磺酸钠	39 39 16 6	30℃以上为透明浅棕色液体，16℃以上为半透明液体，消泡性较好
净洗剂 801	脂肪醇聚氧乙烯醚硫酸酯钠 烷基醇酰胺 OP-10 烷基醇聚氧乙烯醚 脂肪胺聚氧乙烯醚（AEO-9） 水	前五种共占 35 65	浅黄色油状流体，清洗效果较好

除油液配方示例如下：

（1）烷基苯磺酸钠 5%；焦磷酸四钾 10%；二甲苯磺酸钠 8%；十二烷基二乙醇胺 5%；水 72%。

（2）亚硝酸钠 1% ~11%；磷酸三钠 20% ~22%；硼砂 30% ~32%；辛基酚聚氧乙烯醚 2.5% ~4.5%；碳酸氢钠 31% ~33%；松油 1.4% ~1.6%；实际使用量视情况而定。

（3）净洗剂 644 6 ~9g/L；脂肪醇聚氧乙烯醚 12%；辛烷基酚聚氧乙烯醚 6%；十二烷基二乙醇酰胺 12%；三乙醇胺油酸皂 50%；水 20%。

（4）净洗剂 644 6 ~8g/L；净洗剂 6503 6 ~8g/L；苯甲酸钠 4 ~6g/L；三聚磷酸钠 5 ~8g/L；焦磷酸钠 4 ~7g/L；用氢氧化钠调 pH 值 11 ±0.5；温度为 20 ~60℃。

（5）煤油 65%；聚氧乙烯型非离子表面活性剂 25%；水 10%。

（6）粗汽油 41%；三乙醇胺 2%；表面活性剂 7%；水 50%。

（7）异丙醇 35.0g；壬基酚聚氧乙烯醚 0.5g；二甘醇单乙醚 8.0g；水 56.5g。

（8）液体石蜡 8.0%（以体积计）；三乙醇胺 0.25%；油酸 0.5%；松油 2.25%；水 89%。

（9）磷酸（85%）10%（以体积计）；丁醇 40%；异丙醇 30%；水 20%。

（10）烷基苯磺酸钠 18.5%；脂肪醇聚氧乙烯醚硫酸钠 18.5%；脂肪醇酰胺 3%；酒精 8%～10%；水至 100%；室温；使用时配制 1%～3% 水溶液。

（11）200 号汽油 94%；碳酸钠 1%；司本-80 1%；十二烷基醇酰胺 1%；苯并三氮唑酒精溶液 1%；蒸馏水 2%。

（12）三氯乙烯 100mL；三乙醇胺 2g；乙醇胺 1g；油酸钠 1g；硫氰酸苄酯 3g；纯水 11mL。

（13）煤油 67%；丁基溶纤剂 1.5%；月桂酸 5.4%；三乙醇胺 3.6%；松节油 22.5%。

（14）净洗剂 6501 8mL/L；净洗剂 6503 8mL/L；三乙醇胺油酸皂 8mL/L；温度为 70～80℃；时间至油除尽。

（15）乙二醇单丁醚 4%；壬基酚聚氧乙烯醚 3%；磷酸（85%）3%；柠檬酸 4%；水 86%。

复习思考题

3-1 镁及镁合金强化前的机械处理主要有哪些方法？

3-2 镁及镁合金强化前除油原理是什么？

3-3 镁及镁合金表面的污垢种类及来源主要有哪些？

3-4 镁及镁合金表面除油去污方法的基本原理主要有哪些？

3-5 简述镁及镁合金表面活性除油方法。

3-6 镁及镁合金强化前常用的除油方法主要有哪些？

4 镁及镁合金的阳极氧化

4.1 概述

4.1.1 阳极氧化的实质

镁合金的电化学转化又称为镁合金的阳极氧化，所制得阳极氧化膜除了对基体金属具有一定的防护作用外，主要是作油漆、涂料的良好底层。

镁合金的阳极氧化包括阳极氧化以及在此基础之上发展起来的微弧氧化。与化学转化膜和金属镀层相比，经阳极氧化后的样品耐蚀性更好，另外，阳极氧化膜还具有与基体金属结合力强、电绝缘性好、光学性能优良、耐磨损等优点。同时，阳极氧化膜具有多孔结构，能够按照需要进行着色、封孔处理，并能为进一步涂覆有机涂层如油漆等提供优良基底，是一种很有前途的镁合金表面处理技术。

4.1.2 镁合金与铝合金比较

镁合金的阳极氧化处理技术远不如铝合金那么成熟，但二者的工艺路线有许多是共同的。镁合金与铝合金阳极氧化处理的工艺流程比较见表4-1。

表 4-1 镁合金与铝合金阳极氧化工艺流程比较

镁 合 金	铝 合 金
(1)有机溶剂除油； (2)弱碱洗； (3)碱性溶液阳极氧化； (4)着色(染色)； (5)封孔	(1)水溶液脱脂； (2)碱洗(50g/L NaOH)； (3)去灰(1∶1 HNO_3)； (4)硫酸阳极氧化； (5)着色(电解着色或染色)； (6)封孔(沸水封孔或冷封孔)

铝在阳极氧化时形成的膜层是规则的六边形孔洞组成的多孔结构。这些孔洞能使膜的生长持续到相当的厚度，当进行硬质阳极氧化时，有时膜层厚度大于200μm。过渡族金属离子或有机染料可以被嵌入这些孔洞随后被密封，很容易获得范围广泛的颜色。铝阳极氧化膜还可以通过产生光学干涉效果被着色。这需要仔细控制膜厚和折射系数。这种膜层在生成耐晒色方面极其有效，而有机染料易于受紫外线的影响。在铝的硫酸阳极氧化过程中形成的多孔结构则是形成的氧化铝层在电解液中部分溶解的结果，孔径大约为0.1μm。

镁合金的阳极氧化过程与铝合金有很大的不同。在镁合金阳极氧化过程中，随膜的形成，电阻不断增加，为了保持恒定电流，阳极电压随之增加，当电压增加到一定程度时，会突然下降，同时形成的膜层破裂。故镁的阳极电压-时间曲线呈锯齿形。同铝合金的阳极氧化膜相比，镁合金的这种有火花的阳极氧化产生的膜层粗糙、孔隙率高、孔洞大而不规则，膜层中有局部的烧结层。镁合金阳极氧化膜的着色、封孔也不像铝合金那样可以很方便地采用多种工艺。

4.2 阳极氧化的典型方法

镁合金的阳极氧化既可以在碱性溶液中进行，也可以在酸性溶液中操作。在碱性溶液中，氢氧化钠是这类阳极氧化处理液的基本成分。在只含有氢氧化钠的溶液中，镁合金是非常容易被阳极氧化而成膜的，膜的主要成分是氢氧化镁，它在碱性介质中是不溶解的，但是，这种膜层的孔隙率相当高。在阳极氧化过程中，膜层几乎随时间呈线性增长，直至达到相当高的厚度。由于这种膜层的结构疏松，它与基体结合不牢，防护性能很差，因此在所有研究提示的电解液中，都添加了其他组分，以求改善膜的结构及其相应的性能。添加的组分有碳酸盐、硼酸盐、磷酸盐以及氟化物和某些有机化合物。碱性的阳极氧化处理液获得实际应用的并不多，但报道的却不少，具有代表性的为 HAE 方法，它是在氢氧化钾溶液中添加了氟化物等成分。酸性阳极氧化法以 Dow-17 法为代表。

4.2.1 HAE 法阳极氧化工艺

HAE 法（碱性）适用各种镁合金，其溶液具有清洗作用，可省去前处理中的酸洗工序。溶液的操作温度较低，需要冷却装置，但溶液的维护及管理比较容易。溶液的组成、工艺条件及形成的膜层厚度见表 4-2。

表 4-2 HAE 法工艺参数

溶液组成/g · L^{-1}	工艺条件				膜厚/μm
	温度/℃	电流密度/A · dm^{-2}	电压/V	时间/min	
KOH 165；KF 35；Na_3PO_4 35；$Al(OH)_3$ 35；$KMnO_4$ 20	室温	1.9 ~ 2.1	AC：0 ~ 60	8	2.5 ~ 7.5
	室温	1.9 ~ 2.1	AC：0 ~ 85	60	7.5 ~ 18
	60 ~ 65	4.3	AC：0 ~ 9	15 ~ 20	15 ~ 28

采用该工艺时需注意以下几方面：

（1）镁是化学活性很强的金属，故阳极氧化一旦开始，必须保证迅速成膜，才能使镁基体不受溶液的侵蚀。溶液中氟化钾和氢氧化铝起促使镁合金在阳极氧化的初始阶段能够迅速成膜的作用。

（2）在阳极氧化开始阶段，必须迅速升高电压，维持规定的电流密度，才能获得正常的膜层。若电压不能提升，或提升后电流大幅度增加而降不下来，则表示镁合金表面并没有被氧化生成膜，而是发生了局部的电化学溶解，出现这种现象，说明溶液中各组分含量不足，应加以调整。

（3）高锰酸钾主要对膜层的结构和硬度有影响，使膜层致密，提高显微硬度。若膜层的硬度下降，应考虑补充高锰酸钾。当溶液中高锰酸钾的含量增加时，氧化过程的终止电压可以降低。

（4）用该工艺所得的膜层硬度很高，耐热性和耐蚀性以及与涂层的结合力均良好，但膜层较厚时容易发生破损。

（5）氧化后可在室温下的含 NH_4HF_2 100g/L 和 $Na_2Cr_2O_7 \cdot 2H_2O$ 20g/L 的溶液中浸渍1 ~ 2min，进行封闭处理，中和膜层中残留的碱液，使它能与漆膜结合良好，并可提高膜层的防护性能。另外，也可用 200g/L HF 来进行中和处理。

4.2.2　Dow-17 法

尽管目前提出的酸性电解液比碱性的要少得多，但目前广泛采用的是属于这一类的电解液，Dow-17 法（酸性）是其中有代表性的工艺，该工艺也适用于各种镁合金，与 HAE 法相类似，溶液也具有清洗作用。该溶液的具体组成见表 4-3。

表 4-3　Dow-17 法溶液组成

溶液类型	溶液组成	用直流电时浓度/$g \cdot L^{-1}$	用交流电时浓度/$g \cdot L^{-1}$
溶液 A	NH_4HF_2 $Na_2Cr_2O_7 \cdot 2H_2O$ H_3PO_4(85%)	300 100 86	240 100 86
溶液 B	NH_4HF_2 $Na_2Cr_2O_7 \cdot 2H_2O$ Na_2HPO_4	270 100 80	200 100 80

使用 Dow-17 法，需要说明的是：

（1）该工艺可以使用交流电，也可以使用直流电，前者所需设备简单，使用较为普遍，但阳极氧化所需的时间约为直流氧化的 2 倍。电流密度为 0.5 ~ 5A/dm^2，操作温度为 70 ~ 80℃。

（2）当阳极氧化开始时，应迅速将电压升高至 30V 左右，此后要保持恒电流密度并逐渐升高电压。阳极氧化的终止电压视合金的种类及所需膜层的性质而定。一般情况下，终止电压越高，所得的膜层就越硬。如终止电压为 40V 左右时，所得的膜层为软膜；60 ~ 75V 时得到的为轻膜；75 ~ 95V 时得到的是硬膜。

（3）用该工艺所得的膜层硬度略低于 HAE 法，但膜的耐磨性和耐热性能均为良好。膜薄时柔软，膜厚时易产生裂纹。

（4）用该工艺处理的工件若在恶劣环境下使用时，表面可涂有机膜。可用 529g/L 水玻璃在 98 ~ 100℃的温度下进行 15min 的封闭处理，以提高其防护性能。

（5）因该工艺所得氧化膜属于酸性膜，故不需要中和处理。

4.2.3　Magoxid-Coat 法

Magoxid-Coat 法是一种硬质阳极氧化工艺，电解液是弱碱性的水溶液，产生的膜层由 $MgAl_2O_4$ 和其他化合物组成，膜层厚度一般为 15 ~ 25μm，最高可达 50μm。Magoxid-Coat 膜可分三层，类似于铝的微弧氧化膜，表层是多孔陶瓷层，中间层基本无孔，提供保护作用，内层是极薄的阻挡层。处理前后零部件的尺寸变化很小。该膜硬度较高，耐磨性好，对基体的黏附性强，有很好的电绝缘性能。膜的介电破裂电压（击穿电压）达 600V；Mohs 抓伤试验指数为 7 ~ 8；500h 盐雾腐蚀试验后未见腐蚀；抗磨性能也接近铝的阳极氧化膜水平。

通常，膜的颜色为白色，也可以在电解液中加入适当的颜料，改变它的色彩，例如加入黑色尖晶石就可得到深黑色的膜层，也可以进行涂漆、涂干膜润滑剂（MoS_2）或含氟高聚物（PTFE）。这种工艺成膜的均匀性很好，无论工件的几何形状如何复杂，都可适用，而且对于目前所有标准牌号的镁合金材料都能应用。

4.2.4 Anomag 法

Anomag 法是近年来开发的一种无火花的阳极氧化，据称是目前世界上最先进的镁阳极氧化工艺技术。在一般的镁合金阳极氧化过程中，等离子体放电的火花位置发生在离工件表面 70nm 之内，这种局部的高热能冲击会对工件材料的力学性能产生不利影响，而且形成的膜层总是粗糙多孔，并伴有部分烧结的涂层，法拉第效率只有 20% 左右。而 Anomag 法采用适当的电解液，避免了等离子体放电的发生，其阳极氧化和成膜过程与普通的阳极氧化过程相同，形成的膜层孔洞比普通阳极氧化的膜孔细小，且分布比较均匀，膜层与基体金属的结合强度更大。Anomag 法膜层在光洁度、耐蚀性和抗磨性等方面是现有几种阳极氧化法中最好的。

Anomag 法的电解液不含铬盐等有害物质，膜的生长速度快，可达 1μm/min，它的法拉第效率较高。在镁合金 AZ91D 上生成的 5μm 厚的膜层，经过 1000h 盐雾试验可达 9 级。介电破裂电压大于 700 V，横截面中间的显微硬度 HV 为 350（镁合金基体的 HV 为 98 ~ 105），它的抗磨性在 CS17 Taber 磨损机上（负荷 10 N）可经历 2800 ~ 4200 次循环。

这种阳极氧化工艺解决了镁合金着色的难题，把镁的阳极氧化膜的形成与着色结合起来，一步完成了氧化和着色这两个过程。可以按照用户的要求，向用户提供各种颜色的镁合金制品。这种膜层经封孔后可单独使用，也可作为有机涂层的底层。在工件的棱角、深孔等部位，这种膜层都能很好地覆盖。Anomag 工艺操作控制简单，在零部件上不会发生火花点蚀现象，还可以覆盖和抑制铸造缺陷和流线，是一种很有发展空间的新工艺。

4.2.5 UBE 法

针对一般的镁合金阳极氧化膜的孔洞较大、膜层疏松和密度较低等情况，日本学者做了大量的研究工作来改善它的致密性。他们发现，加入碳化物和硼化物都能提高镁阳极氧化膜的密度，在此基础上开发了新的阳极氧化工艺。这套工艺包括 UBE-5 和 UBE-2 两种方法，它们的电解液主要成分和阳极氧化处理条件见表 4-4。

表 4-4 UBE 法工艺参数

方 法	电解液主要成分	电流密度/$A \cdot dm^{-2}$	温度/℃	时间/min
UBE-5	Na_2SiO_3、羰化物、氧化物	2	30	30
UBE-2	$KAlO_2$、KOH、KF、羰化物、铬酸盐	5	30	15

用 UBE-5 处理的镁合金工件，其阳极氧化膜以 Mg_2SiO_4 为主，呈白色。用 UBE-2 法得到的膜层以 $MgAl_2O_4$ 为主，颜色为白色或淡绿色。两种方法得到的阳极氧化膜的致密性都明显高于普通的阳极氧化工艺，膜的孔洞较小、分布比较均匀。而用 UBE-5 法制得的氧化膜其耐蚀性和耐磨性都高于 UBE-2 法。

4.2.6 TAGNITE 法

TAGNITE 法是另一种阳极氧化法，基本上取代了早期的 HAE 和 Dow-17 技术。HAE 和 Dow-17 法生成的表面氧化层的孔隙多、孔径大，它们的槽液分别含高锰酸盐和铬酸盐。而用 TAGNITE 法在碱性溶液中特殊波形下生成的白色硬质氧化物的膜层厚度为 3 ~ 23μm，其盐雾腐蚀试验 336h（14 天）不显示腐蚀迹象（按 ASTM B117 标准试验）。TAGNITE 法对镁合金表面涂装有很好的附着性，可以作为漆膜的底层。TAGNITE 法的表面粗糙度虽不尽如人意，但明显优于 HAE 和 Dow-17 法，其定量数据比后者分别高出 4 倍和 1 倍。

4.2.7 MEOI 法

据北京航空航天大学材料学院钱建刚等人的报道，他们研究的 MEOI 工艺是属于环保型的镁合金阳极氧化成膜工艺，其阳极氧化液中不含有对人体和环境有害的六价铬成分，也没有锰、磷和氟等污染环境的物质。

MEOI 法的溶液成分和工作条件为：

（1）溶液成分为：铝盐 50g/L，氢氧化物 120g/L，硼盐 130g/L，添加剂 10g/L。

（2）工作条件为：电压 65V，时间 50min。

封闭处理工艺时的封闭处理液为 50g/L 水玻璃，处理温度为 95 ~ 100℃，处理时间为 15min。

影响膜层性能的因素有：

（1）电压的影响。不同的阳极氧化电压，形成的膜层表面结构是不同的。40V 时，开始产生电火花，形成的膜很薄，只有 5.6 ~ 6.2μm，膜的耐腐蚀性很差；50V 时电火花逐渐增多，膜层厚度增加，耐腐蚀性有所提高；60V 时电火花很剧烈，膜层厚度增加较快，膜的结构发生了突变，形成了多孔层结构，膜的耐腐蚀性有较大提高；65V 时膜的结构与 60V 时相似，但膜层厚度增加较快，膜的耐腐蚀性明显提高。

（2）溶液成分的影响。阳极氧化溶液中加入了添加剂后，阳极氧化膜的耐腐蚀性能有了很大的提高。

MEOI 工艺可在压铸镁合金 AZ91D 上获得银灰色的氧化膜层，其耐蚀性和结合力接近于传统的含铬工艺 Dow-17 所形成的膜层。该工艺形成的膜层主要由 $MgAl_2O_4$ 组成，呈现不规则孔洞的粗糙膜结构特点，其孔径远大于传统的铝合金表面硫酸阳极氧化后的孔径。在氧化膜的成长过程中，阳极氧化电压和成膜剂铝盐是影响氧化膜性能的主要因素；通过成膜剂的开发和阳极氧化电压的选择可以改进镁合金阳极氧化膜的结构与性能。

（3）封闭影响。阳极氧化膜经封闭后，大多数的孔洞得到了堵塞，膜层的耐腐蚀性得到了提高。

4.2.8 Starter 法

阳极氧化是镁及镁合金最常用的一种表面防护处理方法。镁的阳极氧化成膜效果受以下因素的影响：电解液组分及其浓度，电参数（电压、电流）类型、幅值及其控制方式，溶液温度，电解液的 pH 值以及处理时间等。其中电解液的组分是镁阳极氧化处理的决定因素，它直接关系到镁阳极氧化的成败，极大地影响镁阳极氧化成膜过程及膜层性能。至今为止，镁阳极氧化所用的电解液大致可以分为两类，一类是以含六价铬化合物为主要组分的电解液，如欧美的 Dow-17、Dow-9、GEC 和 Cr-22 等传统工艺及日本的 MX5、MX6 工业标准所用电解液；另一类是以磷酸和/或氟化物为主要组分的电解液，如 HAE 及一些美国专利申请所述的电解液。

由于六价铬化合物及氟化物对环境及人类健康有着不同程度的危害，而磷酸盐的使用又会对水资源造成较大程度的污染，为解决上述问题，顺应人类可持续发展的要求，开发无铬、无磷、无氟及无其他有毒、有害组分的绿色环保型电解液已成为镁的阳极氧化技术的一项重要而紧迫的研究内容。据中国科学院金属研究所张永君等人的报道，他们研制的 Starter 工艺为镁阳极氧化绿色环保型新工艺。

4.2.8.1 Starter 工艺及其与其他工艺的比较

表4-5 列出了 Starter 工艺以及经典的阳极氧化工艺 Dow-17、HAE 和其他工艺的相应情况。

表 4-5 镁阳极氧化工艺比较

工 艺	电解液组成	阳极氧化条件及其他
Starter	20 ~ 300 g/L 氢氧化物 5 ~ 100g/L 添加剂 M 10 ~ 200g/L 添加剂 F	控制温度 0 ~ 100℃，直流电流密度为 0.002 ~ 1A/cm²；处理时间为 10 ~ 120min，获得银灰色均匀光滑膜；在温度为 80 ~ 100℃的 20 ~ 300g/L $Na_2Si_2O_3 \cdot 9H_2O$ 溶液中封孔 10 ~ 60min
美国专利	2 ~ 12g/L KOH 2 ~ 15g/L KF 5 ~ 30g/L K_2SiO_3	先在 pH 值为 5 ~ 8，温度为 40 ~ 100℃ 的 0.3 ~ 3.0mol/L NH_4HF_2 水溶液中预处理 15 ~ 60min；阳极氧化电流密度为 10 ~ 90mA/cm²，处理时间为 10 ~ 60min，获得灰色不均匀膜，局部特别粗糙
HAE	135 ~ 165g/L KOH 34g/L $Al(OH)_3$ 34g/L KF 34g/L Na_3PO_4 20g/L $KMnO_4$	控制温度 15 ~ 30℃，电压 70 ~ 90V，电流密度 20 ~ 25mA/cm²，恒电流通电 8 ~ 60min，获得褐色较均匀、粗糙膜；在温度为 21 ~ 32℃的 20 g/L $Na_2Cr_2O_7 \cdot 2H_2O$、100 g/L NH_4HF_2 溶液中封孔处理 1 ~ 2min
Dow-17	240 ~ 360g/L NH_4HF_2 100g/L $Na_2Cr_2O_7 \cdot 2H_2O$ 90mL/L H_3PO_4（86%）	控制温度 71 ~ 82℃，电压 70 ~ 90V，直流电流密度 5 ~ 50mA/cm²，恒电流通电 5 ~ 25min，得绿色均匀光滑膜；在温度为 93 ~ 100℃的 53g/L 硅酸盐溶液中处理 15min

4.2.8.2 膜层性能

用 Starter 工艺处理镁及其合金，表面形成一层外观美丽的银灰色均匀光滑的膜层，由于该膜层呈银灰色，因此能进行各种着色处理，以达到各种装饰的要求。同时，由于该工艺阳极氧化膜具有多孔结构，且孔隙分布均匀，因此为有机涂层和染料提供了优良的基底。尽管该工艺阳极氧化膜表面层存在大量孔隙，但这些孔隙并未横贯整个膜层，因此金属表面仍被一层完整的膜所覆盖。从微观尺寸上来看，该膜层在不同部位的厚度分布并不十分均匀，这可能是碱性溶液中镁阳极氧化膜形成过程与火花放电直接相关的结果。火花放电是电极电压高于电极表面已有膜层击穿电压的结果，这种现象首先发生在膜层的薄弱部位（耐电击穿能力差的部位）。由于金属表面存在固有的电学、化学和电化学等的不均匀性，因此在阳极氧化进行的整个阶段，金属表面不同部位膜的生长总是不均衡地进行，这必然导致金属表面膜层厚度的不均匀分布。从另一种意义上说，膜层厚度不均匀可能正是阳极氧化朝着金属表面电学、化学等性质趋向均匀的结果。因此，该工艺阳极氧化膜的厚度不均匀并不影响它的防护性能。

A 耐蚀性能

氧化膜的耐蚀性能见表 4-6。

表 4-6 不同工艺制得的阳极氧化膜全浸腐蚀速率及相关膜厚

工 艺	平均膜厚/μm	平均腐蚀速率/mg·(m²·h)⁻¹
Starter	27	35.18
美国专利	17	141.78
HAE	18	148.82

续表 4-6

工　艺	平均膜厚/μm	平均腐蚀速率/mg·$(m^2 \cdot h)^{-1}$
Dow-17	32	221.81
空白	—	257.97

注：实验试样材料为压铸镁合金 AZ91D；全浸腐蚀实验按照 JB/T 6073—1992 标准进行，腐蚀介质体积与试样工作面积比为 $20mL/cm^2$，实验周期为 48 h，在室温（17～20℃）下进行。

B　盐雾试验

按 ASTM B117 和 ASTM B398 标准进行，试验周期为 336h，试验温度为（35.5±0.5）℃，所用腐蚀介质为 5% NaCl 溶液，试样测试面与垂直方向所成角为 20°，除测试面外，试样其他各面用胶带及环氧树脂密封保护。试验结果见表 4-7。

表 4-7　在 AZ91D 上用不同阳极氧化工艺制备的膜层的盐雾试验结果

工　艺	膜厚/μm	防护等级	腐 蚀 损 坏 说 明
空白	—	1～2	24h 后，试样的大部分暴露面积都遭腐蚀
Starter	53	9	24h 后观察到第一个腐蚀点，直到 336h，还是一个腐蚀点，但是它的腐蚀面积增大了
	32	9	96h 后观察到第一个腐蚀点，直到 336h，还是一个腐蚀点，但是它的腐蚀面积增大了
	27	8～9	168h 后观察到第一个腐蚀点，试验结束时腐蚀点增加到 3 个
	14	7～8	24h 后观察到两个腐蚀点，直到试验结束，腐蚀点数没有改变，但是它的腐蚀面积增大了
Dow-17	142	7～8	48h 后观察到第一个腐蚀点，试验结束，腐蚀点数增加到 6 个，它们的腐蚀面积比较大
	45	6～7	24h 后观察到第一个腐蚀点，336h 后腐蚀点数增加到 3 个
	10	5～6	24h 后发现第一个腐蚀点，试验结束，腐蚀点数增加到 10 个
HAE	18	3～4	24h 后发现两个腐蚀点，48h 后出现较大的腐蚀斑块

C　耐磨性能

膜层耐磨性能测试采用滑动磨损实验，所用设备为英国产 Klaxon EM5CBI-W3 磨损仪。表 4-8列出了各种阳极氧化试样的耐磨试验结果。

表 4-8　经各种不同的阳极氧化处理后 AZ91D 镁合金试样耐磨试验结果

工　艺	膜层厚度/μm	体积磨损率/$cm^3 \cdot g^{-1}$	磨透时间/min
Starter	64	$<113\times10^{-6}$	>62
	25	132×10^{-6}	22.86
	14	139×10^{-6}	16.4
Dow-17	142	246×10^{-6}	1.2
	54	320×10^{-6}	0.16
	25	469×10^{-6}	0.06
	10	481×10^{-6}	0.06
HAE	18	148×10^{-6}	10.5

表4-8中体积磨损率为磨损体积与载荷质量之比，其中磨损体积V（cm^3）计算公式为：

$$V=\frac{Lr^2}{2}\left[\left(1-\frac{\arccos\frac{b}{2r}}{90}\right)\pi-\frac{b^2}{2r^2}+1\right]$$

式中　L——摩擦体行程，$L=3.20$cm；

r——摩擦体（钢珠）半径，$r=0.300$cm；

b——磨痕宽度，mm，采用JXD-2型读数显微镜进行测量。

表4-8中磨透时间是指固定载荷下从试验开始到基体金属刚刚暴露出来的时间，根据实际情况，试验选择固定载荷为1080g。

D　结合力评估

膜层与基体金属结合力评估采用的是划格实验和胶带实验相结合的方法，即在10mm×10mm的阳极氧化膜上，以1mm为间距，用锋利的刀刃划出大小均匀的100个小方格（划痕深度控制在保证膜下基体金属暴露），统计膜脱落的小方格的个数n_1后，在膜上的划格区域贴上宽度为24mm的透明胶带，并用重为1500g的钢块推轧5次以保证胶带与膜之间紧密结合，之后立即用一垂直膜面的力将胶带揭起，并再次统计膜脱落的小方格的个数n_2。评级方法如下：采用百分制，膜结合力分数$G=100-(n_1+n_2)$。表4-9列出了结合力测试结果。

表4-9　AZ91D镁合金基体与各种不同的阳极氧化膜之间的结合力测试结果

工　艺	膜层厚度/μm	n_1	n_2	等级(G)
Starter	64	0	0	100
	43	0	0	100
	27	0	0	100
Dow-17	142	0	1	99
	54	0	2	98
	31	1	6	93
	15	2	13	85
	10	3	24	73
HAE	18	0	8	92

对比表4-7所示盐雾试验结果可以看出，与未经阳极氧化处理的试样相比，阳极氧化处理使材料的耐蚀性能得到了不同程度的提高。由于镁及其合金化学活性高，在空气中易氧化，当对试样进行机械处理时，表面即会生成一层由$Mg(OH)_2$、MgO和/或$MgCO_3$、$MgSO_3$组成的氧化物薄膜。因此，镁合金的阳极氧化过程实际上是阳极氧化膜取代自氧化薄膜的过程，材料耐蚀性能的提高，说明上述两种膜层在厚度、组成及其结构等方面都存在较大差异，正是这种差异决定了两者对基体不同的腐蚀防腐性能。

Starter工艺所得的阳极氧化膜的优异的防护性能，主要得益于它具有一定厚度并较为均匀、致密、完整的显微组织。Dow-17工艺所得的膜层虽然显微组织疏松，但由于其厚度均匀且较厚，因此仍能形成一层较为完整的防护层，有效防止腐蚀介质向膜层与基体界面的渗透，表现出较好的防腐性能。但由于较为疏松，故它的耐磨性及与基体金属的结合力都较差（见表4-8和表4-9）。至于HAE工艺所得的膜层，不能对基体金属提供有效防护作用的原因在于其厚度不均，局部膜层较薄且膜层中孔隙和缺陷的数量较多。

4.3 阳极氧化膜的性质

在镁合金上制得的阳极氧化膜，其耐蚀性、耐磨性以及硬度一般都比用化学氧化法制得的要高，其缺点是膜层的脆性大，而且对于复杂的制件难以获得均匀的膜层。阳极氧化膜的结构及组成决定了膜层的性质，而不同的阳极氧化电解液及合金成分对于膜层的组成和结构又有很大的影响。

4.3.1 微观结构和组成

由各种阳极氧化工艺制得的氧化膜的微观结构和氧化膜的组成见表4-10。

表4-10 氧化膜的制备工艺和膜层组成之间的关系

合金类型	制备工艺或电解液成分	膜层的组成和结构
各种镁合金	Dow-17 法	镁合金氧化膜的微观结构类似于铝的阳极氧化膜中的Keller 模型，是由垂直于基体的圆柱形空隙多孔层和阻挡层组成，膜的生长包括在膜与金属基体界面上镁化合物的形成以及膜在孔底的溶解两部分
Mg-Al 合金	KOH、KF、Na_3PO_4 和铬酸盐	氧化膜由镁、铝、氧组成，膜层中铝来源于电解液和基体，膜层中铝的含量随电压的升高而增加
Mg-Mn 合金	KOH、KF、Na_3PO_4、$Al(OH)_3$ 和 $KMnO_4$	氧化膜主要由镁、氧组成，膜为 MgO 和 $MgAl_2O_4$ 组成的无序结构，且无序度随着铝的含量增加而增大

4.3.2 在酸性电解液中形成的膜

镁合金阳极氧化所用的酸性电解液是由铬酸盐、磷酸盐和氧化物等无机盐所组成。其所生成的膜中含有这些盐的酸根，对应的镁盐在酸性介质中均相当稳定。酸性膜的组成比较复杂，大致含有磷酸镁、氟化镁以及组成未明的铬化物。膜层的孔相当多，必须在含有铬酸盐和水玻璃的溶液里进行封闭处理。这种膜的耐热性十分好，在400℃的高温下受热100h，其性能和与基体金属的结合力均不受影响。

用 Dow-17 法制得的氧化膜与 HAE 法相似，随终结电压的不同，可以得到 3 种性能不同的膜层，见表4-11。

表4-11 终结电压与膜层的性能

方 法	终结电压/V	膜层类型	时间/min	膜 层 性 质
HAE	9	软膜	15 ~ 20	膜薄、硬度低、韧性好、同基材结合好，耐蚀性差
Dow-17	40		1 ~ 2	
HAE	60	轻膜	40	同基材结合性良好，耐蚀性较高，可作油漆底层
Dow-17	60 ~ 75		2.5 ~ 5	
HAE	85	硬膜	60 ~ 75	硬度高，耐磨性和耐蚀性好，脆性大

4.3.3 在碱性电解液中形成的膜

含锰2%的 Mg-Mn 合金在碱性电解液中阳极氧化得到的膜层，其主要组成为 $Mg(OH)_2$，它的结晶为六方晶格（$a=0.313$nm，$c=0.475$nm），由于合金组成不同以及溶液成分不同，使得膜层中除 $Mg(OH)_2$ 以外，还含有少量合金元素的氢氧化物、酚以及水玻璃等（见表4-12）。膜层的厚度和孔隙率随合金类型和电解液组成而定，经封闭处理后其防护性能进一步提高。

表4-12 在ML5合金上碱性阳极氧化膜的成分

成 分	H_2O	$Mg(OH)_2$	$Al(OH)_3$	$Mn(OH)_2$	$Cu(OH)_3$	$Zn(OH)_2$	Na_2SiO_3	C_6H_5ONa	NaOH	总量
质量分数/%	4.25	81.51	3.61	0.08	0.10	0.04	8.62	0.05	1.00	99.26

4.3.4 抗氯化钠溶液的防护性能

在WMG5-1合金上形成的阳极氧化膜和铬酸盐钝化膜的抗氯化钠溶液的防护性能如图4-1所示。可以看出，用重铬酸盐进行封闭处理，其防护性能明显提高（曲线4）。在实际生产中推荐使用 $K_2Cr_2O_7$ 0.1%，Na_2HPO_4 0.65%溶液。

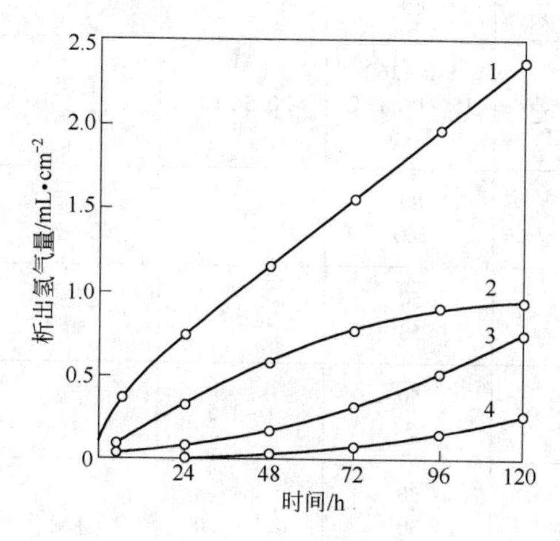

图4-1 在0.5% NaCl中WMG5-1合金上产生的阳极氧化膜和铬酸盐钝化膜防护性能的比较

1—未经处理的镁合金；2—铬酸盐钝化膜；3—阳极氧化膜；4—阳极氧化膜并经封闭处理

4.3.5 膜层硬度

镁合金经阳极氧化处理后，随着膜层厚度的增长，其硬度明显下降，见表4-13。

表4-13 镁合金上阳极氧化膜的显微硬度与其厚度之间的关系

合金牌号	阳极氧化时间/min	厚度/μm	显微硬度HV
ML5	10	20	365
	20	30	263
	30	50	226
	50	60	160
	60	—	149

4.4　阳极氧化工艺示例

各种阳极氧化工艺见表4-14。

表4-14　各种阳极氧化工艺的溶液配方和工作条件

配　方	溶液成分	浓度 /g·L^{-1}	电流密度 /A·dm^{-2}	电压/V	温度/℃	时间/min
1 Dow-1	NaOH $HOCH_2CH_2OH$ $(COOH)_2$	240 70 25	1.1～2.2	直流或交流 4～6	70～80	15～25
2 Flomag	NaOH Na_3PO_4	50 3	1.5	直流	70	40
3	$NaBO_2 \cdot 4H_2O$ $Na_2SiO_3 \cdot 9H_2O$ C_6H_5ONa	240 67 10		交流 0～120	20～30	2～5
4	NaOH 水玻璃(密度为1.397 g/cm^3)C_6H_5OH	140～160 15～18mL/L 3～5	0.5～1	直流 4～6	60～70	30
5	KOH KF	80 300	8	直流 60～70	50～40	40
6	NaOH Na_2CO_3	50 50	2～3	直流 50	20～30	30
7	NaOH Na_2HPO_4	50 3	1～1.5	直流 4	70	30～50
8	$(NH_4)_2SO_4$ $Na_2Cr_2O_7 \cdot 2H_2O$ $NH_3 \cdot H_2O$(28%)	30 30 2.5mL/L	0.2～1.0	直流	50～60	10～30
9	NaOH HOC_2H_4OH或 $NaBrO_3$	240 83mL/L 2.5	1～2	直流	75～80	15～25
10	磷酸盐 铝酸盐 稳定剂	0.05～0.2mol/L 0.2～1.0mol/L 1～20				
11	第1步 NH_4F (pH值为4～8)	0.2～0.5mol/L			40～100	浸渍15～60水洗
	第2步 KOH或NaOH KF或NH_4HF_2 或 H_2SiF_6 Na_2SiO_3	2～12 2～15 5～30	2～90mA/cm^2	直流>100	室温	10～40

续表 4-14

配　方	溶液成分	浓度 /g·L^{-1}	电流密度 /A·dm^{-2}	电压/V	温度/℃	时间/min
12	第1步 NaOH 或 KOH KF 或 NaF 或 NH_4F （pH值为12.5～13.0）	5～6 12～15	40～60mA/cm^2	直流	15～20	2～3
	第2步 NaOH 或 KOH 或 LiOH KF 或 NH_4HF_2 或 H_2SiF_6 Na_2SiO_3 或 K_2SiO_3 （pH值为12～13）	5～6 7～9 10～20	5～30mA/cm^2	直流	15～25	15～30
13	第1步 H_3BO_3 H_3PO_4 HF （pH值为7～9）	10～80 10～70 5～35	1～2	直流	15～25	15
	第2步 Na_2SiO_3	50			95	浸15，取出后在空气中暴露30
14	硅酸盐 有机酸 NaOH 磷酸盐 偏硼酸盐 氟化物	50～100 40～80 60～120 10～30 10～40 2～20	1～4	直流	20～60	30
15	NaOH 或 KOH Na_2SiO_3 或 K_2SiO_3 或 H_2SiF_6 HF NaF 或 KF （pH值为12～14）	5～50 50 5～30mL/L 2～20		直流150～400，以看到火花为止	20～40	1～5

续表 4-14

配　方	溶液成分	浓度 /g · L^{-1}	电流密度 /A · dm^{-2}	电压/V	温度/℃	时间/min
16	NH_4HF_2 CrO_3 NaOH H_3PO_4(85%)	200 ~ 250 35 ~ 45 8 ~ 12 55 ~ 95mL/L	1 ~ 3	直流 50 ~ 110	60 ~ 80	10 ~ 30
17	NH_4HF_2 $Na_2Cr_2O_7$ H_3PO_4(85%)	200 60 60mL/L	5	交流 80	70 ~ 80	40
18	$KAl(MnO_4)_2$ (以 MnO_4^{2-} 计) KOH KF $Al(OH)_3$ Na_3PO_4	50 ~ 70 160 ~ 180 120 45 ~ 50 40 ~ 60	2 ~ 4	交流 软膜 55 轻膜 65 ~ 67 硬膜 68 ~ 90	<30	
19 Dow-9	$(NH_4)_2SO_4$ $Na_2Cr_2O_7 \cdot 2H_2O$ $NH_3 \cdot H_2O$ (pH 值为 5 ~ 6)	30 100 2.6mL/L	<0.1		48 ~ 60	10 ~ 30
20 Caustic	NaOH $HOCH_2CH_2CH_2OH$ $Na_2C_2O_4$	240 83mL/L 2.5		交流 6 ~ 24 直流 6	73 ~ 80	20

表 4-14 说明如下：

(1) 配方 16 可在 ZM5、MB8 等镁合金上获得浅绿色至深绿色的阳极氧化膜，厚度为 10 ~ 30μm，有较高的抗蚀能力和耐磨性，也可作为油漆的良好底层，但膜层薄脆。

(2) 配方 18 中 $KAl(MnO_4)_2$ 可以自己配制，其用量为 $KMnO_4$ 60%（质量分数）、KOH 37%（质量分数）、$Al(OH)_3$（可溶的或干凝胶）3%（质量分数），混合均匀后放入瓷坩埚或不锈钢容器，置于 245℃加热炉中焙烘 3h 以上，冷却后溶于 5% KOH 溶液中，所得溶液呈绿色，经过滤后分析 MnO_4^{2-} 含量后备用。

(3) 配方 19 为 Dow-9 法，对零件尺寸的影响很小，膜的耐蚀性良好，适用于含稀土元素镁合金及其他类型镁合金的氧化处理。可获得黑色膜层，故在光学仪器及电子产品上得到应用，也可作涂装底层。该工艺不需要从外部通电，而仅是通过处理槽（钢体）和工件电位差引起的电流进行处理，所以也称电偶阳极氧化。

被处理的零件先在 HF 或酸性氟化物溶液中进行活化处理，然后下槽。零件应装夹牢固并不得与槽体相接触，以保证产生良好的电偶作用。若槽体为非金属，则可使用大面积钢板作辅助电极（阴极）；若零件表面积太大而电流密度达不到所需范围，则可使用外电源，使之达到工艺要求。

(4) 配方 20 为 Caustic 阳极氧化法，溶液具有清洗作用，适用于各种镁合金。在该溶液中含有稀土金属时，镁合金的成膜速度快，可采用低电流密度处理。氧化开始前，先将工件浸在处理液中静置2～5min以净化表面，然后电解。电解结束时，先切断电源，约过2min后再将工件取出，以增加膜的稳定性。工件经清洗后，在20～30℃的50g/L NaF、50g/L $Na_2Cr_2O_7 \cdot 2H_2O$的溶液中中和处理5min。

4.5　镁合金微弧阳极氧化

目前广泛应用的镁合金阳极氧化工艺是氟化物工艺、Dow-17法和HAE法。随着环保要求的提高以及使用环境的多样化，它们已经不能满足一些特殊要求。美、德、英等国在20世纪70年代便着手开发镁合金的微弧阳极氧化处理工艺，其特点为：应用成本与硬质阳极氧化差不多，前处理简单，环境良好，易于修复，对复杂形状工件以及受限通道可以形成均匀的膜层，而且尺寸变形小，耐腐蚀性良好，适用于铝、镁、钛、锌等合金。

4.5.1　微弧氧化的机理

微弧阳极氧化是在有色金属表面原位生长陶瓷层的新技术，又称微等离子体氧化或阳极火花沉积。它是将铝、钛、镁等一些有色金属浸渍于一定的电解质溶液中，进行高电压、大电流的阳极氧化处理。当极化电压超过某一临界值后，阳极表面起初生成的绝缘氧化膜被击穿，产生弧光放电，形成瞬间的超高温区（大于1500℃），并产生很多可促使化学、电化学反应的激发态物质，在热化学、等离子化学和电化学的共同作用下，使阳极材料表面火花放电而生成陶瓷层。

微弧氧化这一过程涉及很多物理（如熔融、沉积）、化学、电化学过程，较为复杂。有关机理，说法各异。

微弧氧化机理归纳为两大类：一是强电场下氧化物膜层介质击穿；二是氧化物膜微孔内的气体在孔底阻挡层击穿诱导下的微弧放电。以火花放电族群的空间分布和尺寸统计规律为基础，借鉴接触辉光放电电解研究成果，建立了电极界面薄蒸气鞘碎化成微气泡并击穿的模型。微弧氧化机理主要有以下几种说法：

（1）热作用引起电击穿。由Young等人提出，认为界面膜层存在一临界温度T_m，当膜的局部温度T大于T_m时便产生了电击穿现象。

（2）机械作用而引起的电击穿。由Yahalom和Zahavi提出，他们认为电击穿与否主要取决于氧化膜与电解液界面的性质，杂质离子的影响是次要的。

（3）电子“雪崩”。Vijh等人认为，在火花放电的同时伴随着剧烈的析氧，而析氧反应的完成主要是通过电子“雪崩”这一途径实现的。“雪崩”后产生的电子被注射到氧化膜与电解液的界面，引起氧化膜被击穿，产生等离子体放电。

（4）电子隧道效应。Ikonopisov用Schottky电子隧道效应原理解释了电子是如何被注入到氧化膜的导电带中，从而产生火花放电的。

（5）高能电子。Albella等人在前人研究的基础上，又提出了放电的高能电子来源于进入氧化膜中的电解质的观点，电解质粒子进入氧化膜后，形成杂质放电中心，产生等离子体放电，使氧离子、电解质离子与基体金属强烈结合，同时放出大量的热，使形成的氧化膜在基体表面熔融、烧结形成具有陶瓷结构的膜层。

（6）镁在KOH、K_2SiO_3、KF组成的电解液中阳极氧化，经Alexj. Zozulin研究后认为，火花放电现象是由于施加了高于电极表面已有氧化膜层的击穿电压的结果。

（7）阳极氧化过程中的电子放电。O. Khaselev等人将阳极氧化过程中的火花放电现象和“场晶化”现象归因于阳极氧化过程中的电子放电，认为火花放电前，偶发的电子放电导致电极表面已生成的薄而密的无定形氧化膜局部受热，引起小范围晶化，当膜层厚度达到某一临界值时，小范围的电子放电发展为大范围的持续的电子雪崩，阳极膜发生剧烈的破坏，出现火花放电现象。

（8）ZM5 镁合金微弧氧化膜的生长规律。薛文斌等人研究出镁合金微弧氧化膜的生长机理。认为镁合金浸入电解液中，通电后表面立即生成很薄的一层绝缘膜，这属于普通的阳极氧化阶段。当电极电压超过某一临界值时，氧化膜中某些薄弱部位被击穿，发生微区弧光放电现象，镁阳极表面出现了无数个游动的弧光点。微等离子体区瞬间温度可高达几千摄氏度，溶液中的离子也参与微弧区的物理化学反应，微弧区的熔融物凝固后形成了 MgO 和 $MgAl_2O_4$ 晶体相。初始阶段，氧化膜向外生长速度大于向内生长速度。达到一定厚度后，样品外部尺寸不再增加，完全转向基体内部生长，膜的生长受氧扩散过程所控制。氧化膜具有表面疏松层和致密层这样的两层结构，致密层最终占总膜厚的 90%。

（9）阻挡层断裂。镁在阳极氧化过程中，一开始就形成了一层阻挡层，随着阳极氧化电流的通过，电阻不断增加，为保持恒电流进行，需不断增加电压。当电压达到一定数值时阻挡层断裂，这断裂结果表现为施加的电压（槽电压）突然下降。对这种现象有一种解释，认为 MgO 比金属镁更致密，其摩尔体积比金属镁更小，它的 Pilling-Bedworth 系数为 0.8049。该系数小于 1，表明形成的膜层处于拉应力状态。当形成的阳极氧化膜层达到一定厚度时，其拉应力太大，膜层发生了局部断裂，这时在氧化膜下面的金属又开始生长新的氧化膜。在阳极氧化膜断裂以前，膜层的连续生长需要镁离子通过已生成的氧化膜从金属基体做间隙迁移。但是随着这种断裂的发生，优先氧化的位置和类似于火山爆发的过程将可能发生在这些断裂位置上。很明显，局部电流密度比平均电流密度大几个数量级，并在局部产生大量热量。阻挡层极薄，根据被阳极氧化合金的不同，其范围在 20～70nm 之间。一旦第二层氧化膜开始形成，它的性能将受到所发生的阳极氧化特性的影响。因为局部电流密度极高，在随时间形成的孔隙里产生局部的热效应，常常形成等离子体放电。

4.5.2　镁合金微弧氧化膜

镁的阳极火花氧化，常常产生一种粗糙、多孔、部分烧结的膜层，产生的热量使下面的金属基体产生了热应力。由于 MgO 与基体金属的附着力相对较差，因此，可以通过加入 HF 或酸性氟化物到电解液中，形成附着力强的 MgF_2。

由于电压高、膜层薄，在形成的膜层区域中产生的电场可达 $1\times10^6 V/m^2$。强电场使 OH^- 分离，导致氧化物离子的形成，并且在阳极氧化中产生的主要组分认为是 MgO_2。在电解液中加入添加剂，可使其他组分共同沉积在膜层中。大部分专利工艺中，形成的膜层都是混合物，而不是单一的 MgO_2。

阳极火花氧化工艺，可获得非常硬的抗腐蚀膜层。但在距离阳极表面只有 70nm 产生如此高的热量，对镁合金压铸件的力学性能有负面作用。解决材料的腐蚀问题固然重要，但是造成材料强度的损失则不可取。尽管在所有工艺中，阻挡层的形成和断裂都是一样的，但采用适当的电解液可以避免产生火花，以及将火花的发生点过渡到新形成的孔洞（断裂点），这样就可保持基体金属的力学性能不变坏。同时膜层向外生长，形成的第二层膜层具有更好的附着力。

微弧阳极氧化在阳极区产生等离子体微弧放电，火花逗留时间为 1～2s。火花放电使阳极表面的局部温度升高，可使微弧区温度高于 1000℃之上。这样高的温度使阳极氧化物熔化、覆盖在镁基体表面，形成陶瓷质的阳极氧化膜，从而大大地提高了阳极氧化膜的硬度和致密性。氧化膜的厚度随电流密度和处理时间的增加而增厚，一般为 2.5～30.0μm。等离子体微弧阳极氧化的耐蚀性与抗磨性比普通阳极氧化膜要高。

镁合金 MB8 微弧氧化陶瓷层。蒋百灵等人研究后认为，微弧氧化初期，陶瓷层致密，几乎观察不到显微缺陷。随着陶瓷层增厚，出现了空洞类缺陷。陶瓷层主要由 MgO、$MgSiO_3$、$MgAl_2O_4$ 以及非晶相组成。随着厚度增加，陶瓷层中 MgO 的比例不断增加，而非晶相含量逐渐减少。因此，镁合金经微弧氧化后的显微组织虽然有很厚的氧化陶瓷层，但存在着大量的空洞，需要进一步改进。

A. V. Apelfeld 等人用 Rutherford 和原子背散射光谱研究了镁合金表面的微弧氧化陶瓷层，提出了微弧氧化层组织的一个模型，镁合金试样放在5% NaCl 溶液中，在35℃、经72h，原始表面以及经铬化处理的表面有90%都遭到腐蚀破坏，而微弧氧化处理的表面，则基本没有腐蚀点（<1%）。

镁合金微弧等离子体氧化膜的相组成及形貌特征。薛文斌等人采用 X 射线衍射、扫描电镜等方法研究，结果表明，微弧阳极氧化技术能在镁合金基体表面生长一层厚度大于100μm，并与基体结合良好的氧化膜层，提高了镁合金的耐蚀性。在 $NaAlO_2$ 溶液中，对 MB15 镁合金进行微弧阳极氧化，生成的氧化膜由 MgO 和 $MgAl_2O_4$ 相组成。微弧阳极氧化膜在微区熔化，溶液中的离子参与了微弧区中的物理、化学反应，铝元素已扩散到膜的内层，但在膜的表层仍存在着铝元素的富集区。

4.5.3 微弧氧化工艺及发展

4.5.3.1 Keronite 工艺

最初由俄罗斯发明，后由英国的 CFB 公司转移到英国，现已授权给英国、美国、意大利、德国、以色列等国家。Keronite 处理采用弱碱性电解液，应用程序化电压处理镁合金零件。处理后得到的膜层为三层结构，表面为多孔陶瓷层，可以作为复合膜层的骨架；中间层基本无孔，提供保护作用；内层是极薄的阻挡层。膜层总厚度为10~80μm，硬度 HV 为400~600，40℃时盐雾试验可达200h，直流介电破裂电压可达1000V。

4.5.3.2 Magoxid 工艺

由德国 AHC GmbH 公司开发，种类有镁合金无铬钝化、镁或铝合金微弧氧化、镁合金化学镀镍、镁合金干膜润滑涂层系统。Magoxid-Coat 处理是在弱碱性溶液中生成 $MgAl_2O_4$ 和其他化合物膜，具有较好的耐蚀性和抗磨性，可以涂漆、涂干膜润滑剂或含氟高聚物。Magoxid 工艺所得的膜层与 Ketonic 工艺类似，可分为三层，总厚度一般为15~25μm，最厚可达50μm。处理前后部件的尺寸变化很小。膜的介电破裂电压达600 V，盐雾试验可达500 h。从处理过程看，Magoxid 的应用电压比 Keronite 的要高一些；膜层的致密性、硬度比 Keronite 好。

4.5.3.3 Microplasmic Process 工艺

由 Microplasmic 公司开发。镁合金微弧等离子体处理的电解液为氟化铵溶液，或含有氢氧化物和氟化物的溶液。膜层主要由镁的氧化物和少量烧结的硅酸盐组成，后者是一种沉积在表面的坚硬物质。

4.5.3.4 Anomag 工艺

用 Anomag 工艺处理，使镁合金阳极氧化膜的染色得以实现。由于在电解液中使用了氨水，使得火花放电受到了抑制。阳极氧化溶液由氨水和 $Na_3(NH_4OH)PO_4$ 组成，膜层是混合的 $MgO\text{-}Mg(OH)_2$ 体系，其中可能还有 $Mg_3(PO_4)_2$。膜层厚度与槽液成分、温度、电流密度和处理时间有关。Anomag 与粉末涂装结合效果很好，膜层的孔隙分布比较均匀，光洁度、耐蚀性、抗磨性是现有几种微弧氧化处理中所得膜层最好的。

4.5.3.5 微弧氧化和阳极氧化工艺的比较

微弧氧化和阳极氧化工艺的比较见表 4-15。

表 4-15 镁合金微弧氧化和阳极氧化工艺比较

方 法	溶液化学成分	溶液温度/℃	电流密度/$A \cdot m^{-2}$	电压/V
Dow-17	重铬酸钠、氟化铵、磷酸	71 ~ 82	0.5 ~ 5.0	≤100
HAE	氢氧化钾、氢氧化铝、氟化钾、磷酸	室温	1.8 ~ 2.5	≤85
MA	氢氧化钾、硅酸钾、氟化钾	10 ~ 20	0.5 ~ 1.5	≤340

注：表中 MA 为 A. J. Zozulin 等人研制的一种等离子体微弧阳极氧化法。

4.5.3.6 研究动态

在高频双脉冲电压条件下，碱性电解液中镁合金的微弧氧化工艺，通过优化脉冲波形和频率、引入特定频率范围的声波振动以及向电解槽中鼓入微气泡等方法，使工艺效率和膜层性能得到了很大的提高。研究电解液的组分对膜层组成的影响，发现在含有磷酸盐、硅酸盐、钨酸盐以及氟化物等组分的电解液中，形成的膜层中磷、硅、钨、氟等元素的含量与其在电解液中的含量成正比。

通过在 Keronite 膜层中注入含氟聚合物树脂的工艺，获得了杜邦 2002 Plunkett 发明奖。这种复合膜层可用于活塞、注塑膜、包装和印刷机械等领域。国际上一些独立的权威研究机构，已开始对镁合金的微弧氧化工艺的工业化应用进行技术和成本论证。

4.5.4 镁合金微弧氧化膜结构及耐蚀性试验方法

利用扫描电镜和 X 射线衍射等方法，分析了镁合金表面微弧氧化膜的形貌、结构和相组成，并对氧化膜的耐蚀性做了初步研究。

4.5.4.1 试验方法

试验材料为 AZ91D 镁合金，化学成分（质量分数）是 Al 9.0%，Mn 0.13%，Zn 0.7%，余量为 Mg。圆盘状试样，尺寸是 ϕ40mm × 3mm。

微弧氧化使用大功率直流电源。电解液是钠盐体系的溶液，采用循环水冷却、用气泵搅拌。微弧氧化处理时间分别为 30min、60min、90min、120min。

用扫描电镜（Cambridge s360）观察微弧氧化膜的表面及截面形貌、结构以及经盐水浸渍后的氧化膜形貌。用超大功率 X 射线衍射仪（铜靶，K_α 射线）研究相组成。

4.5.4.2 试验结果与分析

A 处理时间对微弧氧化膜形貌的影响

经不同时间处理，微弧氧化膜表面分布着几微米到几十微米的孔洞（见图 4-2）。其成因过程为：随着处理时间的延长，初期生成的氧化膜不断被击穿，击穿导致的瞬间高温使膜层-

溶液界面上产生大量的水蒸气，同时高温熔融物的表层与溶液直接接触而先于内层凝固，致使内部气体的逸出通道被封闭，来不及逸出的气体在氧化膜下次被击穿时逸出，形成孔洞。随着氧化膜厚度的增加，击穿氧化膜将消耗更多的能量，膜层每次被击穿时释放的气体也越来越多，造成孔洞的尺寸就逐步增大。

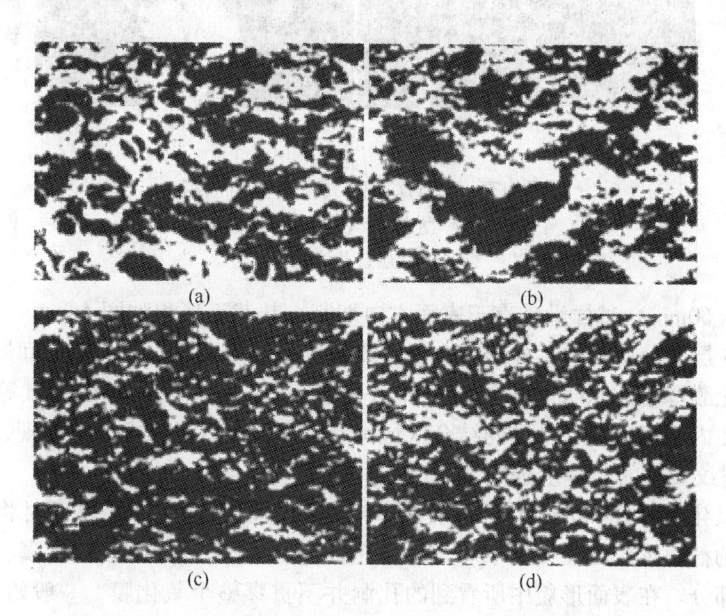

图 4-2　不同微弧氧化时间 AZ91D 微弧氧化膜表面形貌
(a) 30min；(b) 60min；(c) 90min；(d) 120min

在微弧氧化过程中，形成的氧化膜表面有许多微米级颗粒。随着时间的延长，颗粒的数量和尺寸都明显增加。对这些颗粒及整个氧化膜表面分别进行 EDS 成分分析，结果见表 4-16 和表 4-17。

表 4-16　氧化膜表面小颗粒的成分与处理时间的关系

时间/min	30	60	90	120
Mg 摩尔分数/%	48.54	55.63	34.32	40.53
Si 摩尔分数/%	11.04	30.32	53.83	28.53
P 摩尔分数/%	40.42	14.05	11.85	30.94

表 4-17　氧化膜层的成分与处理时间的关系

时间/min	30	60	90	120
Mg 摩尔分数/%	54.92	54.69	55.59	50.30
Si 摩尔分数/%	—	1.98	3.90	16.50
P 摩尔分数/%	45.08	43.33	40.51	33.20

比较表 4-16 和表 4-17，认为表面颗粒中相对富含 Si，而整个膜层则相对富含 P。

B　微弧氧化膜结构

图 4-3 所示为 AZ91D 微弧氧化膜截面形貌。

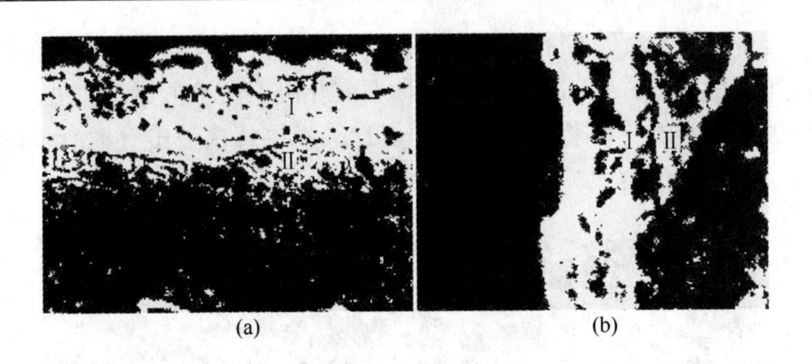

(a)　　(b)

图 4-3　AZ91D 微弧氧化膜截面形貌

(a) 抛光样；(b) 断口样

Ⅰ—膜层；Ⅱ—基体

对氧化膜（60min）试样沿垂直于表面方向切割，其截面形貌如图 4-3（a）所示。由图可见，氧化膜为 3 层的分层结构，外层存在很多孔洞，是气体的逸出通道；中间层比较疏松，厚度约占整个氧化膜厚度的 60%；内层与机体结合紧密。这与蒋百灵和薛文斌等人的研究结果相似。此外，在内层氧化膜与基体的结合区域中有大量微裂纹。EDS 分析发现，裂纹内含有大量 P，越接近裂纹尖端的 P 含量越低。

沿垂直于氧化膜（经 60min 氧化）表面方向切割，超过试样一半厚度时将其敲断。氧化膜自然断口部的截面形貌如图 4-3（b）所示。整个氧化膜仍分为内层氧化膜、中间疏松层和外层氧化膜 3 部分。在表面形貌中所看到的孔洞并不贯穿整个氧化膜，一般始于外层氧化膜，止于中间疏松层。

比较图 4-3（a）和（b）认为，裂纹可能是试样在打磨、抛光过程中受机械力和化学作用造成的。此外，内层氧化膜含有 P 元素也可能是产生裂纹的原因。

C　微弧氧化膜相成分分析

用 X 射线衍射分析了 AZ91D 镁合金微弧氧化 60min 后的膜层，得知膜层主要由 MgO、$MgAl_2O_4$、$MgSiO_3$ 和 $Mg_3(PO_4)_2$ 构成。$MgAl_2O_4$、$MgSiO_3$ 和 $Mg_3(PO_4)_2$ 的生成是由于电解液中的成分在镁合金表面的电化学沉积。生成 MgO 的原因为：对试样进行微弧氧化时发生微区弧光放电并释放出巨大的能量，使镁合金中的 Mg 原子在高于自身熔点的温度下发生微区熔融，同时在电解液的冷却作用下与吸附在合金表面的氧原子迅速结合，生成 MgO 并沉积。

D　耐蚀性

将未处理过的 AZ91D 放入 3% NaCl 溶液中，几秒后即产生大量气泡，表面发生腐蚀溶解。有微弧氧化膜（经 90min 氧化）的 AZ91D 浸渍 5 h 后，白色氧化膜表面才开始出现黑色腐蚀斑点。微弧氧化处理（90min）的 AZ91D 浸渍 1 周后，部分表面只有腐蚀斑点，部分表面腐蚀严重并产生局部脱落。通过能谱分析表明，斑点主要含有 Mg、P 以及少量的 Si 和 Cl，氧化膜剥落后基体部分主要由 Mg 和 P 组成，见表 4-18。因为 P 是微弧氧化膜层的重要组成元素，这说明，这些部位仍可能残留着内层氧化膜，它对基体仍有一定的保护作用。盐水浸泡试验表明，微弧氧化处理可显著提高镁合金 AZ91D 的耐蚀性。

表 4-18　微弧氧化膜浸泡后腐蚀斑点和氧化膜的能谱分析结果(摩尔分数,%)

成　分	Mg	P	Si	Cl
斑　点	53.83	39.01	2.35	4.81
剥落后基体	56.03	40.54	—	3.43

氧化膜表面富含 Si、P 的颗粒，可能是发生腐蚀的敏感部位，它们先被溶解掉，进而是氧化膜中的电化学活性点。膜剥落后基体中存在少量的 Cl，是溶液中 Cl^- 在氧化膜表面吸附造成的。

4.5.5 镁的微弧氧化膜和阳极氧化膜耐蚀性对比

通过电化学分析，比较镁合金经微弧氧化和阳极氧化处理后的耐蚀性，并对腐蚀机理进行初步分析。

4.5.5.1 氧化工艺

试验材料为：MB8 镁合金，其化学成分（质量分数）为：Al 0.2%，Mn 1.3% ~2.2%，Zn 0.2%，Ce 0.15% ~0.35%，Cu 0.05%，Ni 0.07%，其余为 Mg；试样尺寸为 50mm × 50mm × 1mm。

微弧氧化工艺流程为：表面除油清洗→通电、微弧氧化→清水清洗→干燥。

采用自行研制的 5kW 微弧氧化设备，其中有专用的高压电源、工作槽、搅拌系统、冷却系统和不锈钢阴极（面积与阳极对等）。

以 SiO_3^{2-} 系列的溶液为工作液，所制备的微弧氧化陶瓷层厚度分别为：5μm、10μm、20μm。

阳极氧化采用硬质阳极氧化处理，氧化层厚度为 15μm。

4.5.5.2 膜层的耐蚀性能

A 交流阻抗测量

以 5% NaCl 溶液作电化学反应池的溶液。交流信号振幅为 1mV，频率为 1kHz，积分 1 次，采用开路电位测量。阻抗测量结果用波特（BODE）曲线图显示，如图 4-4 所示。

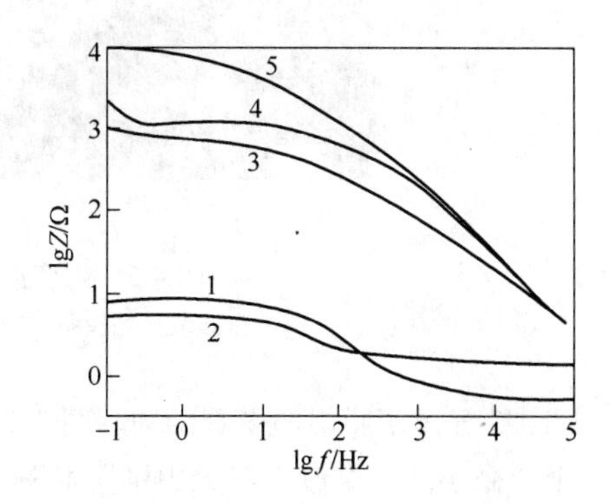

图 4-4 镁合金试样的交流阻抗谱

1—阳极氧化试样，15μm；2—未经处理试样；3—微弧氧化试样，10μm；4—微弧氧化试样，20μm；5—微弧氧化试样，5μm

如图 4-4 所示，随着频率由高到低，经微弧氧化的试样，它的阻抗由几欧姆升高到几千欧姆。在 100mHz 时，经微弧氧化处理比经阳极氧化处理和未经处理的试样的阻抗值高 2 ~3 个数量级。阳极氧化和未经处理的镁合金试样在图中频率范围内，阻抗从几欧姆升高到 10Ω 不到，变化平缓。高频（10 ~100kHz）下，经过微弧氧化处理的 3 种厚度试样的阻抗差别仅为几欧姆，尤其是厚度为 20μm（曲线 4）和 10μm（曲线 3）试样，高频阻抗曲线几乎是重合的。在低频（100mHz）下差别较明显，厚度为 5μm（曲线 5）的试样阻抗值是 20μm（曲线 4）试样阻抗的 5 倍，是 10μm（曲线 3）试样的 10 倍。

总之，镁合金表面微弧氧化处理使镁合金的阻抗大幅升高；试样的阻抗值关系为：$Z_{5\mu m} > Z_{20\mu m} > Z_{阳极氧化}$。

B 腐蚀电流

试样的腐蚀电流见表 4-19。

表 4-19　试样的腐蚀电流

处理方式	厚度/μm	$I_{腐蚀}$/μA
微弧氧化	5	39.0
	10	81.1
	20	51.7
阳极氧化	15	14200

由表可见，$I_{腐蚀(5\mu m)} < I_{腐蚀(20\mu m)} < I_{腐蚀(10\mu m)} < I_{腐蚀(阳极极化)}$。经微弧氧化后的试样，在5% NaCl溶液中的腐蚀电流较小；而经阳极氧化处理的试样，其腐蚀电流较大，比前者要高3个数量级。

另外，以上试样经测试后，经微弧氧化处理的试样无明显变化，而经阳极氧化处理的试样表面产生大量的腐蚀点，并且部分氧化层从试样表面脱落。

4.5.5.3　膜层的微观结构

膜层的微观结构如图4-5所示。

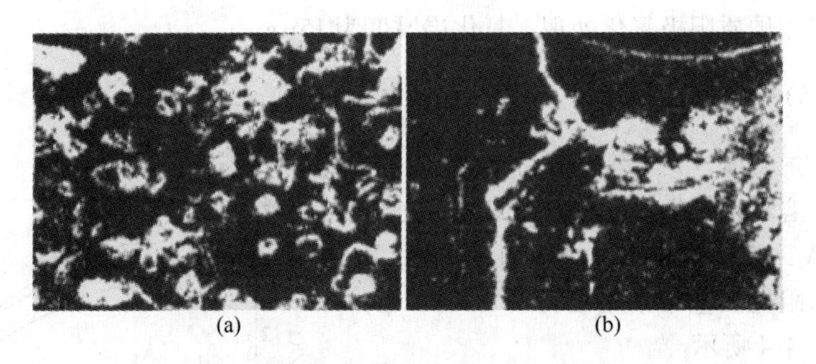

图 4-5　陶瓷层表面 SEM 照片（1000×）
（a）微弧氧化处理所得陶瓷层；（b）阳极氧化处理所得陶瓷层

图4-5显示了膜层的微观结构。图4-5（a）所示为微弧氧化处理形成的陶瓷层，其表面是由一个个微小的、类似于“火山锥”状的物质相互结合所构成的。每个小“火山锥”中心都有一个小孔，这个小孔是溶液与基体反应的通道，同时也是微弧产生时熔融态的氧化物喷发出来的通道。在微区弧光放电作用下，陶瓷层以小孔为中心，通过生成的氧化物不断熔化，迅速凝固并相互结合而增厚。随着微弧氧化时间的延长，表面已经形成许多大块颗粒，覆盖原有的微小的“火山锥”。该结构比较致密且与镁合金基体为冶金结合，能使基体金属在腐蚀介质中得到良好的保护。

图4-5（b）所示为阳极氧化陶瓷层表面，没有微弧氧化陶瓷层的结构特点，其表面形成具有一定的取向纹路，并存在明显的裂纹，说明该陶瓷层脆性很大，与基体结合较差。因此，在腐蚀介质中，裂纹处极易诱发腐蚀，并迅速沿裂纹扩展，当腐蚀产物积累到一定程度就从基体表面脱落。

综上所述，微弧氧化陶瓷层特有的微观组织结构使其耐腐蚀性能比阳极氧化陶瓷层要显著提高。

复习思考题

4-1　简述镁及镁合金阳极氧化的实质。

4-2　镁及镁合金阳极氧化的典型方法主要有哪些？

4-3　简述镁及镁合金阳极氧化膜的性质。

4-4　简述镁合金微弧阳极氧化的机理。

4-5　镁的微弧氧化膜和阳极氧化膜耐蚀性主要有哪些不同？

4-6　简述镁合金微弧氧化膜结构及耐蚀性试验方法。

5　镁及镁合金的化学转化处理

镁是一种化学性质活泼的元素，它在潮湿空气中很容易被氧化，在含硫气氛和海洋大气中均会遭受严重腐蚀。镁表面生成的一层自然氧化膜以及在pH值为11.5的溶液中生成的氢氧化镁膜，因其疏松多孔，均不能起保护基体免受侵蚀的作用。因此，在镁及镁合金表面形成一层化学转化膜是一种有效的防腐处理方法。

镁及镁合金经化学氧化处理所制得的氧化膜薄而软，厚度只有0.5～3μm，使用中易受损伤。所以，镁的化学氧化膜除用作装饰外，一般只用作涂漆前的打底，以提高漆膜的结合力和防护性能。

5.1　镁合金化学转化膜处理

5.1.1　化学转化膜处理工艺

化学转化膜的溶液组成及处理条件见表5-1。

表5-1　化学转化膜的溶液组成和处理条件示例

<table>
<tr><th colspan="2">序　号</th><th colspan="2">溶液组成/g·L^{-1}</th><th>处理条件</th></tr>
<tr><td rowspan="2">1</td><td>A</td><td>$Na_2Cr_2O_7$
HNO_3(60%)</td><td>180
261mL/L</td><td>20～30℃,浸0.5～2min,水洗,干燥</td></tr>
<tr><td>B</td><td>$Na_2Cr_2O_7$
HNO_3(60%)</td><td>150
200mL/L</td><td>20～50℃,浸0.25～3min,水洗,干燥</td></tr>
<tr><td colspan="2">2</td><td>$Na_2Cr_2O_7$
KF或MgF_2</td><td>120～130
2.5</td><td>沸腾,浸30min,水洗,干燥</td></tr>
<tr><td rowspan="2">3</td><td>A</td><td>HF(46%)</td><td>248mL/L</td><td>20～30℃,浸0.5～50min,热水洗</td></tr>
<tr><td>B</td><td>NaF或KF或NH_4F</td><td>50</td><td>20～30℃,浸5min,水洗,热水洗</td></tr>
<tr><td colspan="2">4</td><td>$Na_2Cr_2O_7$
HNO_3(60%)
Na_3PO_4
H_2SeO_4</td><td>65～80
7～15mL/L
65～80
10～20</td><td>80～90℃,浸5min,水洗,干燥</td></tr>
<tr><td colspan="2">5</td><td>$Mn_3(PO_4)_2$
NaF或KF
$Na_2Cr_2O_7·2H_2O$或$K_2Cr_2O_7$
$NaNO_3$或KNO_3</td><td>20～30
3～4
0.2～0.3
1～2</td><td>80～90℃,浸30～60min,水洗,干燥</td></tr>
<tr><td colspan="2">6</td><td>$K_2Cr_2O_7$
$MnSO_4$
$MgSO_4$
KF</td><td>90
40
40
1～2</td><td>55～90℃,浸2～3h,干燥</td></tr>
</table>

续表 5-1

序号	溶液组成/g·L^{-1}		处理条件
7	Na_3PO_4 $KMnO_4$	100 10～50	20～60℃，浸 3～10min，用 pH 值为 3.0～3.5 的水清洗，再用去离子水浸渍，干燥
8	碱金属离子 多聚磷酸根离子 硼酸根离子 表面活性剂	1～20 1～50 0.1～20.0 0.5～1.0	40～70℃，浸 2～15min，pH 值为 8～11，水洗，干燥
9	Zr^{4+} Ca^{2+} F^-	0.01～0.50 0.08～0.13 0.01～0.60	20～60℃，浸渍，喷射，pH 值为 2～5，水洗，干燥
10	KH_2PO_4 K_2HPO_4 $NaHF_2$	13.5 27 3～5	50～60℃，浸 20～50min，pH 值为 5～7，水洗，干燥

5.1.2 化学转化膜工艺说明

化学转化膜工艺说明如下：

（1）表 5-1 中，配方 1～2、4～6 里都含有六价铬的化合物，是属于早期的化学转化处理，在镁表面生成的膜层中含有铬的化合物沉积。如果膜层出现彩虹色，那说明膜层含有六价铬，切不可用于与食品工业有关的镁制品。

（2）表 5-1 中，配方 5 里的 $Mn_3(PO_4)_2$ 应替换为 $Mn(H_2PO_4)_2 \cdot 2H_2O$，因为在锰的磷酸盐中，只有 $Mn(H_2PO_4)_2 \cdot 2H_2O$ 是溶于水的。

（3）表 5-1 中，配方 7～10 是属于无铬的化学转化处理。

（4）配方 9 中，Zr^{4+} 在溶液中是不存在的，它的化合物是 H_2ZrF_6。

（5）配方 8 中的多聚磷酸根离子，多用的化合物是 $Na_5P_3O_{10}$，它也称多聚磷酸钠，溶于水后会产生多聚（三聚）磷酸根离子 $P_3O_{10}^{5-}$。

5.2 镁合金铬酸盐钝化处理

5.2.1 铬酸盐钝化处理工艺

处理液成分和操作条件见表 5-2。

表 5-2 处理液的成分和操作条件示例

编号	溶液组成(质量分数)/%		pH 值	温度/℃	浸渍时间/min
1	$Na_2Cr_2O_7 \cdot 7H_2O$ HNO_3(1.42g/cm^3)	15 22		室温	0.25～3
2	$K_2Cr_2O_7$ $Cr_2(SO_4)_3 \cdot K_2SO_4 \cdot 24H_2O$ NaOH	1.5 1.0 0.5		100	>30

续表 5-2

编号	溶液组成(质量分数)/%		pH 值	温度/℃	浸渍时间/min
3	$(NH_4)_2SO_4$	3.0			
	$(NH_4)_2Cr_2O_7$	1.5			
	$K_2Cr_2O_7$	1.5			
	$NH_3 \cdot H_2O(0.880g/cm^3)$	0.5			
4	CrO_3	1.0		90	1/2
	浸渍后水洗,再浸入下列溶液:				
	SeO_2	10		室温	1
5	$Na_2Cr_2O_7 \cdot 2H_2O$	20		18 ~ 22	0.5 ~ 2
	$HNO_3(1.42g/cm^3)$	22			
6	HF	18		20 ~ 30	5
	或 NaF	5			15
	浸渍后水洗,再浸入下列溶液:				
	$Na_2Cr_2O_7 \cdot 2H_2O$(pH 值为 4.2 ~ 5.6)	10		100	45
7	HF(40%)	18	5.6 ~ 6.0	20 ~ 30	5
	浸渍后水洗,再浸入下列溶液:				
	$Na_2Cr_2O_7 \cdot 2H_2O$	3.0			
	$(NH_4)_2SO_4$	3.0		100	45
	$NH_3 \cdot 2H_2O(0.880g/cm^3)$	0.25			
	浸渍后水洗,再浸入下列溶液:				
	As_2O_3	1		100	1
	冷水洗,热水洗				
8	HF	20		18 ~ 30	5
	浸渍后水洗,再浸入下列溶液:				
	$Na_2Cr_2O_7 \cdot 2H_2O$	12 ~ 18			
	MgF_2 或 CaF_2	0.25		100	30
	(铸造和锻造镁合金从溶液中取出后,在水洗前,要在空气中停留 5s)				
9	$K_2Cr_2O_7$	10			
	$KAl(SO_4)_2$	10	3 ~ 4.2	20 ~ 40	>30
	$KMnO_4$	5			
10	依次浸入下述三种溶液:				
	$Na_2Cr_2O_7$	10	4 ~ 6	50 ~ 60	30
	$MnSO_4$	5		70 ~ 80	15
	$MgSO_4$	8		100	3 ~ 10
11	$Na_2Cr_2O_7 \cdot 2H_2O$	15			
	$HNO_3(1.42g/cm^3)$	12 ~ 15		18 ~ 30	0.5 ~ 2
	KF(或 Na、NH_4F)	0.2			
12	$Na_2Cr_2O_7 \cdot 2H_2O$	12 ~ 15	4.1	100	30
	CaF_2(或 MgF_2)	0.05			
13	$Na_2Cr_2O_7 \cdot 2H_2O$	15		18 ~ 60	20 ~ 60
	$HNO_3(1.42g/cm^3)$	7.5			
14	$K_2Cr_2O_7$	20		18 ~ 60	0.5 ~ 2
	HNO_3	15			
15	CrO_3	15			
	$K_2Cr_2O_7$	5		18 ~ 60	0.5 ~ 3
	$H_2SO_4(1.84g/cm^3)$	10			

续表 5-2

编号	溶液组成(质量分数)/%		pH 值	温度/℃	浸渍时间/min
16	CrO_3 HNO_3 HF 浸后水洗,再浸入下述溶液: $Na_2Cr_2O_7 \cdot 2H_2O$	28 3 0.8 0.2		18	2~5s
17	$Na_2Cr_2O_7 \cdot 2H_2O$ HNO_3(1.42g/cm^3) H_2SO_4(1.84g/cm^3)	5~6 1~2 0.42	0.1~0.7	18	2~5s
18	$Na_2Cr_2O_7 \cdot 2H_2O$ 或 CrO_3 硝酸调 pH 值为 0.7 $Al_2(SO_4)_3$	3 0.4	1.6~2.8	18	15~30
19	$Na_2Cr_2O_7 \cdot 2H_2O$ $MgSO_4$	3 0.4	5.2~5.8	18	30

5.2.2 铬酸盐钝化处理操作要求

对镁来说，铬酸盐钝化处理是一种最常用的防腐方法。其结果取决于镁的合金组成、基体的表面状态以及处理溶液的成分和操作条件等，具体介绍如下：

(1) 镁制件在钝化前必须表面调整和净化。由于镁在碱液中不会溶解，故可用碱性除油液去除油污。酸洗时，最好直接浸入铬酸溶液，因为这样只溶解掉表面的氧化物，不影响镁金属本身。对于镁的压铸件，最常用的酸洗液是由醋酸（CH_3COOH）、氢氟酸（HF）和铬酐（CrO_3）组成；而轧制件一般在10%硝酸溶液里酸洗。

镁制件在铬酸盐钝化前，常用下列两种酸洗液：

1) CrO_3 250g/L，HNO_3（1.42g/cm^3）20mL/L，HF 5mL/L，室温，浸 5~10s。

2) CrO_3 200g/L，H_2SO_4 2mL/L，KNO_3 2g/L，KF 2g/L，室温，浸 10s 以内。

零件酸洗时，最好翻动。在第二种溶液里酸洗时，零件同时被抛光，为了提高抛光效果，可在下述溶液里再浸 1~2s：H_3PO_4 150g/L，KF 20g/L。

(2) 在表 5-2 中，1 号溶液里的 HNO_3 有起酸洗的作用。2 号和 3 号溶液里的碱，也起净化作用。

(3) 4 号处理液，特别适合 Mg-Al-Zn 组成的合金。对于镁制零件中附有铝材部分时，钝化液中不可有 HF 和 NaOH。

(4) 镁制件在 5 号溶液中浸渍后，取出在槽液上方停留几秒，再用冷水和热水洗净并干燥，钝化膜是带乳光的均匀的灰色。5 号溶液操作快速，但只能用于公差要求不严的零件，因镁在操作液中溶解 2.5~5μm。

(5) 6 号溶液产生的膜层特别耐海水腐蚀；7 号溶液产生的膜层硬度高、耐磨性好；以上两种膜层的颜色在深棕和黑色之间。

(6) 1~5 号处理液，能在铸件和板材上使用，形成的钝化膜薄、带乳光，颜色由暗灰经淡黄、红色变到银白色。

(7) 可用浸泡或刷涂方法来进行钝化处理；刷涂的时间为：用新鲜的处理液刷 1min，再用流动的冷水清洗。

(8) 对于 Mg-Mn 合金，可用以下溶液钝化：$(NH_4)_2SO_4$ 30g/L，$Na_2Cr_2O_7 \cdot 7H_2O$ 15g/L，

$(NH_4)_2Cr_2O_7$ 15g/L，氨水调 pH 值至 11，煮沸时，浸泡 30min，取出后，用热水清洗。

5.3　镁合金无铬化学转化处理

5.3.1　概述

通过化学转化处理，可以在镁及其合金的基体表面形成由氧化物或金属盐构成的钝化膜。这种膜层与基体结合良好，能阻止腐蚀介质对基体的侵蚀。

传统的化学转化处理是以铬酸盐为主要成分的处理方法。由于这种方法可形成铬-基体金属的混合氧化物膜层，膜层中铬主要以三价铬和六价铬形式存在，三价铬作为骨架，而六价铬则有自修复功能，因而这种转化膜耐蚀性很好。

目前常用的铬酸盐化学转化处理方法中，美国 Dow 化学公司开发了一系列铬酸盐钝化处理液。其中著名的 Dow-7 工艺采用铬酸钠和氟化镁，在镁合金表面生成铬盐及金属胶状物，这层膜起屏障作用，减缓了腐蚀，并且具有自修复能力。铬酸盐处理工艺成熟，性能稳定，但处理液中所含的六价铬毒性高，且易致癌，随着人们环保意识的增强，六价铬的使用正受到严格的限制，因此急需开发低毒、无铬的化学转化处理工艺。

日本学者在高锰酸钾体系中的无铬转化膜方面做了很多工作。梅原博行等人采用高锰酸钾，在氢氟酸存在的条件下，在 AZ91D 合金表面生成保护性转化膜。经测定，膜中主要成分为锰的氧化物和镁的氟化物，并且膜具有非晶态结构。

加入稀土元素也可以形成保护膜。A. L. Rudd 等人研究了铈（Ce）、镧（La）和镨（Pr）的硝酸盐在 WE43 镁合金上的成膜特性。发现转化膜在 pH 值为 8.5 的缓冲溶液中可以显著降低镁的溶解速率。而在 pH 值为 8.5 的侵蚀性溶液中浸泡 60min 后，膜的保护性能变差。

周婉秋等人研究发现，AZ31D 镁合金在锰盐和磷酸盐组成的体系中，在对镁有缓蚀作用的添加剂存在的条件下，可以形成保护性好、硬度和厚度均超过铬酸盐膜的转化膜。该转化膜在 5% 氯化钠溶液中侵蚀后，具有自愈合能力。

5.3.2　无铬化学转化处理工艺示例

目前，镁合金的无铬化学转化处理工艺，主要有以下几类：

（1）磷酸盐处理（磷化）。典型工艺为：磷酸锌 15g/L，硝酸锌 22g/L，氟硼酸锌 15g/L；温度为 75～85℃；时间为 0.5min。

镁合金的组成对磷酸盐膜的组成、颜色、晶粒粗细以及与基体的结合力都有明显的影响。

一般来说，镁合金磷酸盐处理的最大缺点是溶液的消耗十分快，每升溶液处理 0.8m^2 的表面后就需要校正其组成和酸度。通常，磷酸盐膜的耐蚀性不及铬酸盐膜。

锰盐和磷酸盐加缓蚀作用的添加剂所组成的处理液的温度为 40～90℃，时间为 20～40min。膜层表面呈规则的结晶状形貌，可能分别为由锰（Mn）、镁（Mg）、铝（Al）、氧（O）、磷（P）等组成的复式盐和磷酸锰 $Mn_3(PO_4)_2$ 组成。

磷化液的成分和操作条件见表 5-3。

表 5-3　磷化液的成分和操作条件示例

溶液成分及操作条件	配方 1	配方 2	配方 3
迪戈法特浓缩液（Digofat）/$g \cdot L^{-1}$	30		
NaF 或 Na_2SiF_6/$g \cdot L^{-1}$	0.3	0.3～0.5	

续表 5-3

溶液成分及操作条件	配方 1	配方 2	配方 3
$Mn(H_2PO_4)_2 \cdot 2H_2O/g \cdot L^{-1}$		30.0	
$H_3PO_4/g \cdot L^{-1}$			15.0
$Zn(NO_3)_2 \cdot 6H_2O/g \cdot L^{-1}$			22.0
$NaBF_4/g \cdot L^{-1}$			15.0
温度/℃	96 ~ 98	98 ~ 100	75 ~ 85
时间/min	20 ~ 30	30 ~ 40	0.5

磷化处理工艺说明：

1）表 5-3 中，迪戈法特（Digofat）浓缩液的成分为：P_2O_5 49.5%，Mn 15.5%，Fe 0.57%，F 0.17%，SO_4^{2-} 1.18%。

2）镁及其合金的磷化膜，其防腐性能不如铬酸盐钝化膜。

3）用含有 $Mn(H_2PO_4)_2 \cdot 2H_2O$ 的 NaF 处理液时，生成的膜层主要由 $Mn_3(PO_4)_2$ 组成；而用 H_3PO_4、$NaBF_4$ 的溶液时，得到的膜层中主要成分是 $Mg_3(PO_4)_2$。

磷化与铬酸盐（铬化）处理比较见表 5-4。

表 5-4 磷化与铬酸盐(铬化)处理比较

处理方式	溶液组成/$g \cdot L^{-1}$	温度/℃	时间/min	质量损失/$mg \cdot cm^{-2}$
铬 化	NaHF 15 $Na_2CrO_7 \cdot 2H_2O$ 120 $Al_2(SO_4)_3 \cdot 14H_2O$ 7.5	室温	0.5	约 0.96
磷 化	HNO_3 90 $NH_4H_2PO_4$ 100			
磷酸盐-高锰酸盐	$KMnO_4$ 20 (用 H_3PO_4 调 pH 值为 3.5)	40	1 ~ 2	约 0.08

用磷酸盐-高锰酸盐处理的镁合金，可形成以 $Mg_3(PO_4)_2$ 为主要组成物并含有铝、锰等化合物的磷化膜，膜厚 4 ~ 6μm。磷化膜为微孔结构且与基体结合牢固，具有良好的吸附性、耐蚀性，可广泛用作涂漆的底层，也可用于镁材在装运和储存时起保护作用的涂层。

（2）钴盐处理工艺为：$Co(NO_3)_2 \cdot 6H_2O$ 22.5g/L（或 $CoCl_2 \cdot 6H_2O$ 18.3g/L）；$NaNO_2$ 64g/L；NaI 23.8g/L；H_2O_2（30%）30 ~ 50mL/L；pH 值为 7.0 ~ 7.2；温度为 50℃；时间为 15min。

为提高转化膜的耐蚀性，经钴盐处理后还需进行封闭，封闭工艺为 $NiSO_4 \cdot 6H_2O$ 40g/L；NH_4NO_3 30g/L；$Mn(CH_3COO)_2 \cdot 4H_2O$ 20g/L；温度为 80℃；时间为 15min。

转化膜中，靠近基体的主要成分为镁的氧化物；中间层为镁的氧化物、CoO、Co_3O_4 和 Co_2O_3 的混合物；最外层为 Co_3O_4 和 Co_2O_3。封闭后转化膜的耐蚀性好，可耐盐雾 168 h（根据 ASTM B117 进行试验）。

（3）锡酸盐处理液。处理液成分（g/L）为：NaOH 99.5；$K_2SnO_3 \cdot 3H_2O$ 49.87；$NaC_2H_3O_2 \cdot 3H_2O$ 9.95；$Na_4P_2O_7$ 49.87。

ZC71 镁合金经上述溶液浸泡后，在试样表面形成一层 2 ~ 5μm 的保护膜，经检测其主要成分为 $MgSnO_3$ 晶体和 $Mg(ZnCu)_2$ 共晶体。

（4）氟化物处理液的成分为：NaF 30 ~ 50g/L；温度为 15 ~ 35℃；时间为 10 ~ 30min。用于高精度的镁制零件及带铜、铝等套件；膜层为氧化物，有较高电阻，不影响零件尺寸。

氟化物处理液还有表 5-3 中配方 3。

（5）氟锆酸及其盐的处理液成分为：H_3PO_4 2g/L；3-甲基-5 羟基吡唑 1.2g/L；H_2ZrF_6 0.7g/L；Na_2SO_4 0.5g/L；NaF 0.5g/L。

还有表 5-1 中的配方 9 也为此类处理液。

（6）含有有机金属化合物的处理液见表 5-5。

表 5-5 含有有机金属化合物的溶液组成及操作条件示例

序 号	溶液组成/g·L^{-1}		处理条件
1	$Zr(C_5H_7O_2)_4$ 40% H_2TiF_6 （pH 值为 3.0）	1.2 0.5	60℃，120s
2	$V(C_5H_7O_2)_3$ $VO(C_5H_7O_2)_3$ 20% H_2ZrF_6 （pH 调整剂为 25% 氨水，pH 值为 5.8）	0.1 1.0 1.5	35℃，300s
3	$Zn(C_5H_7O_2)_2$ $Ti(SO_4)_2$ $(NH_4)_2ZrF_6$ （pH 调整剂为 40% H_2SiF_6，pH 值为 2.7）	20.0 10.0 1.0	70℃，3s
4	$Al(C_5H_7O_2)_3$ 20% H_2ZrF_6 （pH 调整剂为 25% 氨水，pH 值为 4.6）	1.0 3.0	50℃，90s
5	$Al(C_5H_7O_2)_3$ $Zn(C_5H_7O_2)_2$ 40% H_2TiF_6 （pH 调整剂为 67.5% 硝酸，pH 值为 3.8）	0.5 4.0 1.0	70℃，60s

（7）植酸处理液。植酸是从粮食作物中提取的天然无毒化合物，它的化学名称为环己六醇六磷酸酯（又称肌醇己磷酸）。由于它的分子中含有 6 个磷酸基，是一种少见的金属多齿螯合剂。植酸与金属络合后，易在金属表面形成一层致密的单分子保护膜，能有效地阻止氧气与金属基体接触，从而达到耐蚀的目的。同时，该保护膜中的羟基、磷酸基等活性基团能与有机涂层发生化学作用，因此，经植酸处理后的金属表面与有机涂层有良好的附着力。

（8）比较稳定的 $KMnO_4$ 处理液，其中还含有 NaB_4O_7 和 HCl。镁通过这种溶液处理得到的转化膜是由镁的氧化物（或氢氧化物）、锰的氧化物（或氧氧化物）以及硼的氧化物所组成。

（9）表 5-1 中的配方 7、8、10 也属于镁的无铬化学转化处理。

除了上述方法以外，还有如稀土金属盐、钼酸盐、钨酸盐、硅酸盐等处理方法。

5.4 镁合金化学氧化工艺

5.4.1 镁合金化学氧化工艺流程

镁合金化学氧化工艺流程见表5-6。

表5-6 镁合金化学氧化工艺流程

序号	工艺名称	材料		工作条件		备注
		名称	浓度/g·L^{-1}	温度/℃	时间/min	
1	装挂					
2	化学除油	Na_2CO_3 Na_3PO_4 Na_2SiO_3	40~60 40~60 20~30	60~90	3~5	
3	热水洗			50~60	0.5~2.0	
4	流动冷水洗					
5	酸洗	CrO_3	150~200	15~25	1~5	根据表面状况确定时间
6	流动冷水洗	$K_2Cr_2O_7$ CrO_3	140~150 1~3			
7	氧化处理	$(NH_4)_2SO_4$ 60% HAc	2~4 10~20mL/L	65~80	0.5~1.5	
8	流动冷水洗					
9	热水洗			50~60		
10	填充处理	$K_2Cr_2O_7$	40~50	90~98	15~20	
11	冷水洗					
12	热水洗					
13	干燥					
14	检验					

对于机械加工过程中工序间防锈处理的零件，只进行1~6、11~13工序。对于在毛坯状态下氧化处理的铸件，只进行1~8、11~14工序。氧化采用表5-7中1号配方。酸洗用硝酸溶液（15~20g/L）。

5.4.2 氧化液成分及工作条件

氧化液成分及工作条件见表5-7。

表5-7 氧化液成分及工作条件

序号	溶液成分	浓度/g·L^{-1}	温度/℃	时间/min	膜层颜色
1	$K_2Cr_2O_7$ HNO_3(1.42g/cm^3) NH_4Cl	40~50 90~120 0.75~1.25	70~80	0.5~2.0	草黄色到棕色

续表 5-7

序号	溶液成分	浓度/g · L^{-1}	温度/℃	时间/min	膜层颜色
2	$K_2Cr_2O_7$ CrO_3 $(NH_4)_2SO_4$ 60% HAc	125 ~ 160 1 ~ 8 2 ~ 4 10 ~ 20mL/L	65 ~ 80	0.5 ~ 1.5	金黄色到棕褐色
3	$K_2Cr_2O_7$ $KAl(SO_4)_2$ 60% HAc	30 ~ 50 8 ~ 12 5 ~ 8mL/L	室温	3 ~ 5	金黄色到褐色
4	NaF	35 ~ 40	室温	10 ~ 12	深灰色到黑褐色

5.4.3 不合格膜层的退除

不合格膜层的退除有以下几种：

(1) 经机械加工的精密零件的不合格氧化膜，在铬酐溶液中退除。

(2) 对尺寸要求不严格的压铸件的不合格氧化膜，可用吹砂退除。

(3) 对变形镁合金零件的不合格氧化膜，可在 70 ~ 80℃ 的 260 ~ 300g/L 的氢氧化钠液中退除，时间约 20min。退除后，用热水、冷水清洗，并在铬酸溶液中中和 0.5 ~ 1min。

5.5 镁及镁合金化学氧化常见故障分析及排除方法

镁及镁合金化学氧化常见故障分析及排除方法见表 5-8。

表 5-8 镁及镁合金化学氧化常见故障分析及排除方法

序号	故障现象	产 生 原 因	排 除 方 法
1	机加工表面有黑色斑点	机加工过程中温度过高	改善切削条件
2	氧化膜呈棕色，易脱落	溶液的氧化能力弱	分析调整溶液成分
3	铸件局部表面有灰色片状	铝发生偏析	这种情况属于正常，不必消除
4	膜层表面有黄色薄层挂灰	醋酸量不足	添加醋酸
5	变形，镁合金氧化层有黑色斑点，机加工表面发黑	(1)零件表面有其他金属屑嵌入； (2)零件机加工过程中温度过高； (3)氧化溶液醋酸太浓	(1)用刮刀刮净； (2)改善切削条件； (3)稀释调整溶液
6	膜层薄，有露出基体金属的亮点	除油不良	加强前处理
7	填充处理后，膜层上有锈蚀状的黑点	(1)填充液中氯离子浓度大于 0.8g/L； (2)填充液中硫酸根离子浓度大于 2.5g/L； (3)挂具与零件或槽体之间绝缘不好，产生电化学腐蚀	(1)更换溶液； (2)加氢氧化钡沉淀过量硫酸根离子； (3)改善绝缘

复习思考题

5-1 简述镁合金化学氧化工艺氧化液成分及工作条件。

5-2 简述镁合金铬酸盐钝化处理操作要求。

5-3 简述镁合金无铬化学转化处理方法。

5-4 如何退除不合格化学氧化工艺膜层?

5-5 简述镁及镁合金化学氧化常见故障分析及排除方法。

6 镁及镁合金的电镀

6.1 概述

镁合金被誉为21世纪的绿色金属结构材料，但是在常见的实用金属中，镁合金的抗腐蚀能力是最差的。如何解决镁合金的腐蚀问题和提高它的表面性能是决定其应用前景的关键问题，同时也是推广应用的关键技术之一。

6.1.1 镁上电镀的难点

镁上电镀的难点有：

（1）镁是一种难于直接进行电镀（或化学镀）的金属，即使在大气环境下，镁合金表面也会迅速形成一层惰性的氧化膜，这层膜影响了镀层金属与基体金属的结合强度，所以在进行电镀时必须除去这层氧化膜。由于镁生成氧化膜的速度极快，因此必须寻找一种适当的前处理方法，能在镁合金表面形成一既能防止氧化膜的生成，又能在电镀（或化学镀）时容易除去的膜层。

（2）镁合金具有较高的化学反应活性，因此在电镀（或化学镀）时，镀液中金属阳离子的还原一定要首先发生，否则金属镁会与镀液中的阳离子迅速发生置换反应，形成的金属置换层是疏松的，它影响了镀层与基体的结合力。

（3）镁与大多数的酸反应剧烈，在酸性介质中会迅速溶解（氢氟酸、铬酸除外），但在碱性溶液中溶解速度极慢。因为镁极易氧化，暴露于空气中的表面即能自发地形成一层以$Mg(OH)_2$及其次级产物（如各种水合$MgCO_3$、$MgSO_3$等）为主的灰色薄膜，由于自身的热力学稳定性不高，这层钝化薄膜在pH值小于11的条件下是不稳定的，对镁基体的腐蚀不能提供保护作用。因此，对镁合金进行电镀（或化学镀）处理时，应尽量采用中性或碱性镀液，这样不仅可以减小对镁基体的浸蚀，也可延长镀液的使用寿命。

（4）由于镁的标准电极电位很低，为-2.37V，易发生电化学腐蚀。在电解质溶液中与其他金属相接触时，容易形成腐蚀电池，而且一般镁总是阳极，这样会导致镁合金表面迅速发生点腐蚀。所以在电镀时，在镁合金表面上形成的镀层必须无孔，否则不但不能有效地防止镁的腐蚀，反而会加剧它的腐蚀。对于镁合金基体上的铜-镍-铬组合镀层，有人提出，它的厚度至少要在50μm时，才能保证无孔，才能在室外应用。

（5）镁合金上电镀所获得的镀层质量还取决于镁合金的种类（化学镀也是如此）。对于不同种类的镁合金，由于组成元素以及表面状态不同，在进行前处理时，应采取不同的方法。例如镁合金表面存在大量的金属间化合物，即Mg_xAl_y金属间相的存在，使得基体表面的电势分布极不均匀，这样就增加了电镀和化学镀的难度。

（6）大多数金属及其合金都可用铸造方法生产铸件。对于镁合金来说，由于它的熔化温度比较低（镁的熔点为650℃），因此铸件用得就比较多。

金属液在铸型中总是表面先凝固，而心部冷却缓慢，气体不易逸出，所以铸件的表层比较致密，而内部组织则疏松多孔。铸造产品的主要缺陷有气孔、渣孔、冷隔、夹杂、偏析、疏松、疤痕、打皱及晶粒粗大等，这些缺陷将使金属镀层的质量下降。对于镁合金来说，它们铸件形状往往比较复杂，这更增加了电镀操作的难度。

压铸镁合金表面往往存在气孔、洞隙、疏松、裂缝和脱膜剂、油脂等，应通过机械和化学方法进行清理。常用压铸镁合金，主要是 AZ91D 型 Mg-Al-Zn 合金。其金相组织由两相组成，基体 α 相是 Mg-Al-Zn 固溶体，析出 β 相是晶界化合物 $Mg_{17}Al_{12}$，压铸过程中还可能产生偏析现象。这种特点，在处理过程中必须加以充分考虑。同时，在加工、抛光过程中，应注意保护铸件表面的致密层，否则工件的疏松基体暴露，将增加表面处理的难度。

（7）电镀及化学镀的缺点是镀液中含有重金属，它们会影响镁合金的回收利用，增加镁回收纯化时的难度与成本。

6.1.2 镁上电镀和化学镀工艺

要想在镁及镁合金上得到理想的金属电镀层，最重要的就是适当的镀前处理过程，其目的，一是去除和防止镁上自然形成的氧化物；二是防止镁基体与镀液发生自发的置换镀层。目前，对于在镁及镁合金上电镀的研究，也主要集中在各种前处理的方法上。

6.1.2.1 *常用方法*

介绍两种常用电镀工艺，其流程如下：

（1）清洗→浸蚀→活化→浸锌→氰化镀铜→电镀；

（2）清洗→浸蚀→氟化物活化→化学镀镍→电镀。

对于浸锌法，又发明了许多前处理工艺，其中主要有 Dow 工艺、Norsk-Hydro 工艺以及 WCM 工艺：

（1）Dow 工艺：除油→阴极清洗→酸蚀→酸活化→浸锌→镀铜；

（2）Norsk-Hydro 工艺：除油→酸蚀→碱处理→浸锌→镀铜；

（3）WCM 工艺：除油→酸蚀→氟化物活化→浸锌→镀铜。

以下简单介绍它们的异同之处：

（1）Dow 工艺最早发明，但得到的浸镀锌层不均匀，结合力差。改进后的 Dow 工艺，在酸活化后增加了碱活化步骤，在 AZ31、AZ91 镁合金上得到的 Ni-Au 合金镀层，与基体结合良好，而且前处理时间也明显缩短。

（2）Norsk-Hydro 工艺同 Dow 工艺相比，在镀层的结合力、耐蚀性和装饰性方面都有所提高。用此法加工 AZ61 镁合金，得到的铜-镍-铬组合镀层达到了室外应用的标准。

（3）WCM 工艺，在这三种浸镀锌方法中获得的浸锌层为最均匀，而且镀层的耐蚀性、与基体的结合力、装饰性等方面效果都是最好，是一种比较成功的前处理方法。

（4）以上这些方法的共同缺点为：当镁合金中铝的含量过高时，沉积层的质量都不好；而且在镁合金表面、镁的含量比较丰富的区域会发生优先溶解，这就限制了它们的应用。对于前两种浸镀锌工艺，有人还指出膜层是多孔的，而且热循环性能不好。

6.1.2.2 *浸锌*

浸锌操作时需要精确的控制，以确保锌膜具有足够的结合力；否则会在基体金属的金属间相上形成海绵状的、结合力差的非均匀沉积物，后续的预镀铜过程也会不理想。因为这是一个电镀过程，对于形状复杂的镀件，电流密度分布是不均匀的，尤其是在孔洞及深凹处，难以形成均匀的镀层。在低电流密度区，当铜的沉积较慢时，锌就有可能与镀液中的阳离子发生置换，进一步会使镁基体暴露。当然，镁更容易发生置换反应，通过置换反应，直接在镁基体上形成的铜沉积层的结合力差、多孔、易腐蚀。因此，有人采用浸锌后电镀锌，后续镀层用焦磷酸盐电镀铜来代替常规的氰化镀铜工艺。若在电镀锌后增加电镀锡步骤，这样可以提高镀层的耐磨性。

6.1.2.3　直接化学镀镍

对于 AZ91 铸造镁合金，用浸锌法做电镀前的预处理相当困难。为此，采用直接在镁合金上进行化学镀镍。用化学镀镍方法得到的镀层，分布均匀，结合力好。处理流程如下：

（1）除油→碱洗→酸活化→碱活化→碱性化学预镀镍→酸性化学镀镍；

（2）前处理→碱洗→酸蚀→氟化物活化→化学镀镍。

浸蚀、活化不充分，会导致后续镀层的结合力不好。氟化物活化可用 HF 或 NH_4HF_2。酸蚀可采用铬酸，但它会严重腐蚀镁基体并产生还原的铬层，好在随后的氟化物活化时可除去这层铬。通常认为，镀液中含有氟化物，F^-与镁作用在镁基体上生成钝化膜（MgF_2 是不溶于水的），这样能抑制镀液对镁基体的腐蚀，并控制镍的沉积速度。化学浸蚀也可用含有焦磷酸盐、硝酸盐以及硫酸盐的溶液，其中不含 Cr^{6+}，处理过程如下：化学浸蚀→氟化物活化→中和→化学镀镍。

传统的化学镀镍溶液是酸性的，它会腐蚀镁基体，可采用微酸性镀液（pH 值为6.5 左右）来减缓对基体的浸蚀。一般认为，化学镀镍液中不应有 Cl^-、SO_4^{2-}，因为它们也会腐蚀镁基体。

6.1.2.4　其他镀前处理

其他镀前处理方法有：

（1）用含有 HF 的溶液（HF 来源于溶液中的 NH_4HF_2、NaF 或 LiF）对镁及镁合金进行活化处理时，溶液中同时还含有镍、铁、锰、钴等金属盐，以及无机酸或一元有机羧酸。活化时，溶液中的金属阳离子与镁基体会发生置换反应，形成金属浸镀层。在随后的化学镀镍溶液中，这层浸镀金属能起催化作用。为了加快化学镀镍的沉积速度，也可以通以适量的电流。

（2）用浸锡法对镁合金做前处理，浸镀锡时，在镁合金表面能形成一层锡的氧化物，具有一定的耐蚀性，主要用于提高计算机零部件的耐蚀性。具体流程如下：除油→浸铬酸盐溶液→浸二丁基月桂酸锡的乙醇溶液→退火。

（3）将镁合金在碱性溶液中用交流脉冲电源做电解清洗，随后直接电镀银，能得到结合良好的连续性镀层。

（4）对于 RZ5 镁合金，存在基体比较粗糙、晶粒大小不匀以及表面化学组成复杂等情况，这些都可以运用变换前处理的过程，使其获得均匀的表面状态，然后再电镀镍。在氟化物活化处理时，加以5V 交流电解处理，具体如下：清洗→酸蚀→浸 HF→交流电解处理→含氟化学镀镍→电镀镍→电镀金。

（5）Mg-Li 合金镀金工艺：除油→碱洗→铬酐浸蚀→电镀镍→化学镀镍→浸镀金→电镀金。刚开始时，电镀镍层是多孔的，对化学镀镍会产生催化作用，获得的镀层分布均匀，可作为镀金时良好的底层。

（6）ZM21 镁合金经氟化处理后，可直接化学镀镍，然后用铬酸钝化，再退火处理，可增加表面硬度并提高与基体的结合力。这种镀层具有良好的力学性能和光学性能，还有可焊性。

6.1.3　前处理中各工序的作用

前处理中各工序的作用见表6-1。

表6-1　前处理中各工序的作用

工　序	作　　用
碱　洗	镁在碱性介质中是钝化的——润湿表面，去除污物、油脂等
酸浸蚀	去除表面粗糙的附着物或氧化物，形成一种容易除去的氧化物，在基体表面产生一些腐蚀点，这样可以加强镀层与基体的机械互锁作用，以提高结合力
酸活化	去除残余的氧化物，使表面腐蚀更趋均匀，将局部腐蚀电池的影响降低到最小程度，以产生一个平衡的表面电势
浸　锌	溶解氧化物，形成一层薄薄的锌的氢氧化物膜层，以防止镁再次氧化
内镀铜	由于锌很活泼，很多金属难以直接在它上面沉积，铜可作为底层，以利于进一步电镀
氟化物活化	去除表面氧化物，用一层 MgF_2 薄膜来代替，认为氟化物处理能够控制锌或镍的沉积速率，这样可以产生更为黏着的沉积层
化学镀镍	在表面沉积一层镍基合金，作为进一步电镀或化学镀的底层

6.2　镁及镁合金的电镀工艺介绍

6.2.1　镁及镁合金化学镀镍新工艺

化学镀镍是近年来广泛应用的一种表面处理方法。化学镀层（实际上是Ni-P合金）具有硬度高、耐磨性好、镀层致密、耐腐蚀性好及镀层厚度均匀等优点。但是，由于镁金属的化学不稳定性，在镁合金上获得性能良好的化学镀镍层往往比较困难。以下介绍多种镀层组合的化学镀镍工艺（先电镀、后化学镀）。

工艺流程为：化学除油→水洗→酸洗→水洗→活化→水洗→浸锌→氰化镀铜打底→水洗→预镀中性镍→水洗→化学镀镍→水洗→钝化→干燥。

（1）除油。氢氧化钠10～15g/L，碳酸钠20～25g/L，十二烷基硫酸钠0.5g/L；75℃；2min。

（2）酸洗。H_3PO_4（85%），室温，3～5min。

（3）活化。H_3PO_4（85%）20～60mL/L，NH_4HF_2 40～120g/L，促进剂适量；室温，15s。

（4）浸锌。硫酸锌20～60g/L，络合剂80～120g/L，碳酸钠5g/L，氟化钾3g/L，pH值为10.2～10.4；60℃；5min。

（5）氰化镀铜打底。氰化亚铜30～50g/L，氰化钠50～60g/L，游离氰化钠7.5g/L，酒石酸钾钠30～40g/L，碳酸钠20～30g/L；pH值为9.6～10.4，电流密度为1.0～1.5A/dm²，温度为50～55℃，时间为10～15min。先用电流密度2～3A/dm²，冲击1～2min。

（6）预镀中性镍。硫酸镍120～140g/L，柠檬酸钠110～140g/L，氯化钠10～15g/L，硼酸20～25g/L，硫酸钠20～35g/L；pH值为6.8～7.2，电流密度为1.0～1.5A/dm²，温度为45～50℃，时间为15～20min。先用电流密度2～3A/dm²，冲击2～3min。

（7）化学镀镍。硫酸镍30～40g/L，亚磷酸钠20～30g/L，络合剂50mL/L，添加剂2g/L，稳定剂适量，光亮剂1～2mL/L；pH值为4.5～5.0，温度为85～90℃，时间30～60min。

为了避免化学镀镍时镀层起泡，下面的预镀铜和镍层应厚一些，一般在7～8μm以上。

6.2.2　镁及镁合金表面镀锌

在镁合金表面电镀锌，可提高它的耐腐蚀性能，尤其是再经钝化后，使镁制零部件能在大气环境下使用。

工艺流程为：去氢→化学除油→水洗→酸洗→活化→水洗→浸锌→水洗→电镀锌→水洗→钝化→水洗→干燥。

（1）去氢。金属零部件在酸洗、阴极电解及电镀过程中都有可能在镀层和基体金属的晶格中渗入氢，造成晶格歪曲、内应力增大，产生脆性，称为氢脆。为了消除氢脆，一般用加热方法，使渗透到金属里的氢逸出。去氢的效果与加热的时间与温度有关，在200～250℃下，时间为2h，温度的高低应视基体材料而定。去氢很重要，如果去氢不完全，则会导致镀层起皮、起泡，使镀锌层与基体结合不牢。

（2）除油。氢氧化钠10～15g/L，碳酸钠20～25g/L，十二烷基硫酸钠0.5g/L；75℃；2min。

（3）酸洗。H_3PO_4(85%)，室温，20～40s。

（4）活化。H_3PO_4(85%) 35～50mL/L，添加剂90～150g/L；室温，30～60s。

（5）浸锌。硫酸锌30～60g/L，络合剂120～150g/L，碳酸钠5～10g/L，活化剂3～6g/L；pH值为10.2～10.4；70～80℃；5～10min。

（6）电镀锌。氢氧化钠100～120g/L，氧化锌8～10g/L，添加剂6～10mL/L；电流密度为1～8A/dm^2；温度为10～55℃；时间为30min。

操作事项有：

1）镀液温度高达55℃时，镀液不浑浊，镀层亮泽，均镀能力尤佳，高电流密度区不易烧焦。

2）锌的含量增加，电流效率提高，但分散能力和深镀能力下降；复杂件的尖棱部位镀层易粗糙，容易出现阴阳面。锌含量下降，分散能力提高，但沉积速度变慢。

3）氢氧化钠在镀液中起络合作用和导电作用。过量的NaOH是镀液稳定的必要条件，使锌以$Zn(OH)_4^{2-}$形式存在；当pH值小于10.5时，会产生$Zn(OH)_2$沉淀。应控制NaOH/Zn的比值在11～13。NaOH含量太高时，锌阳极的化学溶解加快，镀液中锌的含量就升高，造成主要成分的比例失调。

4）当镀液中不含添加剂时，镀层是黑色的、疏松的海绵状；添加剂可改善镀层的外观和性能。

5）在较高的电流密度下，沉积速度较快，但镀层与基体的结合力较差。

6）在10～55℃下，一般均能获得良好的镀层。温度偏低，镀液导电性差，添加剂吸附较强，脱附困难。此时若用高电流密度，会造成边棱部位烧焦、添加剂夹杂、镀层脆性增大、起泡。温度高时，添加剂吸附减弱，极化降低，必须用较高的电流密度，以提高阴极极化，使结晶细化，避免阴阳面的出现。所以要根据温度，选择合适的电流密度。

（7）钝化处理。为提高镀锌层的耐蚀性，增加其装饰性，必须进行铬酸盐钝化处理，使锌层表面生成一层稳定性高、组织致密的钝化膜。

6.2.3　镁及镁合金浸镍铁后电镀

在镁合金电镀前的预处理中，将浸镀锌改为浸镀镍铁溶液。

工艺流程为：除油→清洗→酸洗→清洗→活化→清洗→浸镀镍铁→清洗→闪镀铜→清洗→预镀中性镍→清洗→镀光亮镍→清洗→镀铬→清洗→干燥。

（1）活化。采用由草酸（$C_2H_2O_4$）、浸润剂、活化剂和促进剂组成的酸性活化溶液处理，清洗后，再浸入碱性活化溶液中活化。

（2）浸（镀）镍铁溶液。由硫酸镍、硫酸铁铵、双络合剂、复合型缓冲剂、促进剂和还原剂组成；镀液的 pH 值在 10～11 之间；温度在 75～80℃之间；浸渍时间为 10min。

6.2.4 用稀盐酸活化的电镀工艺

工艺流程为：有机溶剂清洗→阴极电解除油→浸铬酸溶液→浸磷酸、氟化物溶液→稀盐酸活化→浸锌→氰化镀铜→镀其他金属。

为了溶解镁基体表面的氧化膜，采用二次活化工艺，即在磷酸、氟化物溶液活化后，再用 1% 盐酸溶液活化。

为阻止、减缓电镀液对镁基体的化学浸蚀，在电镀时，各种镀液中均可适当加入一些缓蚀剂。

6.2.5 两次浸镀后电镀

为了增加金属镀层与镁基体的结合强度，在对镀件进行预处理时，采用两次浸镀方法，目的是为了产生一个均匀、平衡的表面电势。

工艺流程为：镁合金镀件表面调整、净化和活化→浸锌→清洗→浸铜（闪镀浸铜、浸铜冲击）→清洗→化学镀镍→清洗→电镀。

6.2.6 镁合金浸锌及膜层彩化工艺

镁合金表面浸镀锌是为了降低镁的化学活性，浸镀锌膜后可再通过阳极氧化处理，使表面出现彩色的花纹。

工艺流程为：碱洗→酸洗→活化→浸锌→彩化。

试验材料为：铸态 AZ91 镁合金，其成分是 Al 9%、Zn 1%、Mg 余量。

合金元素分布极不均匀，铝、锌大多以偏析形式存在于晶界，并且在晶界上网状分布第二相 $Mg_{17}Al_{12}$（β 相）。

处理溶液配方及工作条件见表 6-2。

表 6-2 处理溶液配方及工作条件

处理工艺	配方		工作条件
碱洗	$NaOH$ $Na_3PO_4 \cdot 12H_2O$	30～50g/L 6～10g/L	30～60℃ 3～10min
酸洗	CH_3COOH $NaNO_3$	200～300g/L 20～120g/L	20～50℃ 1～3min
活化	$K_4P_2O_7$ Na_2CO_3 NaF	50～150g/L 30～40g/L 4～8 g/L	60～90℃ 5～20min

续表 6-2

处理工艺	配　方		工作条件
浸　锌	$ZnSO_4 \cdot 7H_2O$	80 ~ 120g/L	70 ~ 100℃ 30 ~ 200min
	添加剂	5 ~ 10g/L	
	Na_2CO_3	4 ~ 12g/L	
	NaF	3 ~ 8g/L	
彩　化	KOH	50 ~ 80g/L	3 ~ 5V 1 ~ 6min
	草酸	40 ~ 50g/L	

过程及作用为：

（1）碱洗。工件经碱液彻底清洗后，在随后的酸洗时可看见镁合金表面光亮，否则镁合金表面出现明显的油渍和汗渍痕迹。这些痕迹在酸洗和活化过程中无法除去；在浸锌时，有痕迹的部位无法沉积锌膜，即使沉积锌膜，这膜也是很疏松的，与基体结合不牢。

在碱洗处理过程中无法除去的油渍和汗渍可以用丙酮除去。

（2）酸洗。对镁合金表面氧化物和其他在碱洗时难以除去的物质进行清洗，如较厚的氢氧化物膜。但酸洗应严格控制时间，而且要使试样表面均匀地清洗。否则由于表面留有杂质，浸锌时会出现浸镀的锌膜疏松、不均匀，并且还会出现过腐蚀。

（3）活化。活化主要是将金属的新鲜表面暴露出来，用碱性溶液活化，可使基体在活化过程中受腐蚀的程度大大降低。在pH值大于12的碱性溶液中活化，镁不被腐蚀。在活化过程中，通过搅拌活化液，使试样表面均匀地活化。

浸锌时的影响有：

（1）$ZnSO_4 \cdot 7H_2O$。提供沉积的Zn^{2+}，浓度过高，锌层疏松粗糙，与基体结合不牢；而浓度过低，锌层沉积率很低，但膜层致密、结合牢固。

（2）Na_2CO_3。调节溶液的pH值。

（3）添加剂。为络合剂、表面活性剂及光亮剂。络合溶液中的Zn^{2+}，增大阴极极化，使膜层结晶细致。络合剂浓度过高，则沉积速率降低；过低则沉积速率过快，而使得膜层疏松、粗糙。

表面活性剂和光亮剂能使Zn^{2+}在充分润湿和分散的情况下沉积，从而使膜层细致光亮；但如添加过多，则膜层脆性增大。

（4）温度。温度升高，沉积速率提高，效率提高；若温度过高，则膜层粗糙，分散能力降低。温度过低，则沉积速率降低，尤其在10℃以下，温度的作用很明显。

镁合金浸锌层彩化是借助于阳极氧化的功能，使浸锌膜层获得彩虹色的外观。由于镁合金和锌合金在阳极氧化时不受腐蚀，因而用阳极氧化法有较大的可能性，也是该工艺的创新之处。阳极氧化时用不锈钢作阴极。彩化时的影响因素有：

（1）KOH。与溶液中的Zn^{2+}结合，形成氢氧化物并吸附于膜层表面。

（2）草酸。Zn^{2+}结合形成化合物，沉积在膜层表面。

（3）电压。电压过高，则膜变黑；而电压过低，则膜层出现腐蚀。

（4）时间。过长或过短都不会出现彩虹色。

6.3　镁及镁合金的化学镀镍

镁上化学镀镍通常分浸氟化物溶液后化学镀镍和浸锌后化学镀镍两种方法；浸氟化物溶液后化学镀镍又称为镁上直接化学镀镍。

6.3.1　直接化学镀镍工艺

6.3.1.1　工艺流程及操作

直接化学镀镍的工艺流程为：除油→水洗→酸洗（酸浸渍）→水洗→活化（浸氟化物溶液）→水洗→化学镀镍→水洗→钝化→热水洗和空气干燥→热处理。

化学镀镍的溶液配方和操作条件见表6-3。

表6-3　化学镀镍的溶液配方和操作条件

配　方	1	2
$NiCO_3 \cdot 2Ni(OH)_2 \cdot 4H_2O$/g·L^{-1}	10	10
HF/mL·L^{-1}	12	10
$C_6H_8O_7 \cdot H_2O$/g·L^{-1}	5	
NH_4HF_2/g·L^{-1}	10	10
$NH_3 \cdot H_2O$/mL·L^{-1}	30	
$NaH_2PO_2 \cdot H_2O$/g·L^{-1}	20	20
CH_4N_2S/mg·L^{-1}	1	
络合剂/g·L^{-1}		15
缓冲剂/g·L^{-1}		2
pH值	6.5±1	6.5±0.5
温度/℃	80±2	85±5
时间/min	60	90
溶液过滤	连续过滤	

工艺说明：

（1）表6-3中配方1，镁制品先用异丙醇作脱脂剂，并加超声波清洗5~10min。接着再用碱性除油液除油，其工艺是：NaOH 50g/L，Na_3PO_4 10g/L，温度（60±5）℃，浸泡8~10min。酸浸渍工艺为：CrO_3 125g/L，HNO_3 110g/L，室温，浸45~60s，溶液要搅拌。活化工艺是：HF 385mL/L，室温，浸10min溶液需搅拌。钝化工艺是：CrO_3 25g/L，$Na_2Cr_2O_7$ 120g/L，温度90~100℃，浸10~15min。热处理是在230℃烘箱中，热空气循环过滤（无尘），2h。

（2）表6-3中配方2的酸洗工艺为：CrO_3 120g/L，HNO_3 100mL/L，室温，浸2min。活化工艺用HF 350mL/L，室温，浸10min。热处理时，温度为200℃、300℃和400℃，得到的镀层为非晶态含磷量高的镀层（含磷量为12.73%）。

镁上直接镀镍时的注意事项有：

（1）镁上直接化学镀镍，镁制品事先须经氟化物溶液活化处理。

（2）由于镁合金不耐SO_4^{2-}、Cl^-的腐蚀，故不能使用通常的硫酸镍、氯化镍配方。国内外主要使用Dow公司设计的配方，用碱式碳酸镍作为化学镀镍的主盐。但碱式碳酸镍不溶于水，所以要用氢氟酸来溶解它，故在配制槽液时应该先这一步。

（3）柠檬酸和氟氢化铵是作为缓冲剂、络合剂和加速剂而加入的；硫脲起稳定剂和光亮剂作用；氨水是用来调整镀液pH值的。

6.3.1.2　镁上化学镀镍层与基体的结合机理

在镁合金直接化学镀镍工艺中，工件须先用氟化物（一般采用 HF）活化，这样可在镁基体上生成一层保护性 MgF_2 的膜，以减少镁的氧化以及化学镀溶液对镁基体的腐蚀。

人们对 MgF_2 膜的稳定性、存在状态以及对镀层与基体的结合力有何影响等问题进行了研究。

A　处理工艺

工艺流程为：试验材料（AZ91 铸造镁合金）碱性除油→酸蚀→活化→化学镀镍。各步间水洗。

处理液配方及工作条件为：酸蚀：CrO_3 220g/L，KF 1g/L。活化：HF（70%）220mL/L。化学镀镍：$2NiCO_3 \cdot 3Ni(OH)_2 \cdot 4H_2O$ 10g/L，$C_6H_8O_7 \cdot H_2O$ 5g/L，HF（40%）10mL/L，NH_4HF_2 10g/L，$NaH_2PO_2 \cdot H_2O$ 20g/L，$NH_3 \cdot H_2O$ 30mL/L，pH 值为 6.5。温度为 75～80℃。

B　镀层测试

分析 4 种情况的镀层：

（1）化学镀镍初始 2min 的镀层，用 Microlab 310 型 SAM（扫描俄歇显微镜）分析 Ni 刚开始成核处的成分并用离子溅射方法剥离表面物质，做成分深度分析，确定氟化物的存在方式以及初始沉积时 Ni 的结合方式。

（2）用 NP-1 型 XPS（X 射线光电子能谱仪）分析施镀开始 5min 后的表面成分与元素化学状态。

（3）化学镀 2h 后，用 Philips SEM515 型扫描电子显微镜（SEM）观察镀层的横截面形貌并用能谱分析其成分，以确定氟化物在镀层中的存在位置。

（4）施镀 2h 后，用机械方法将镀层与基体拉开，用 SAM 观察断面形貌，并做成分深度分析，以确定镀层的结合方式以及氟化物对镀层结合的影响。

氟化物膜的厚度由溶解方法估算，即将单位面积的镁合金用 HF 酸活化后，完全溶解于稀 HNO_3 中，测定溶液中 F^- 的含量，由 MgF_2 的密度计算其厚度。

C　结果与分析

分析结果有：

（1）施镀 2min 后，试样表面上零星分布着尺寸约在数十到数百纳米的镍颗粒，用离子溅射方法分析镍颗粒表面成分以及经离子溅射后的成分，如图 6-1 所示。从表面成分看，镍颗粒上有一层氟化物膜，随着离子溅射去除表面的氟化物膜，暴露出初始沉积的镍；镍颗粒并不是单纯的镍球，而是更为微小的镍颗粒与镀液的混杂物，其特征是镀液中磷、氧元素的出现，且氧含量相对很高。在镍初始沉积时，镍主要是与镁置换而沉积，并不含磷，磷的出现表明镀液成分的存在。因为镁经活化后表面形成的 MgF_2 膜是一种多孔结构（见图 6-1），而且实际上是 MgO 与 MgF_2 的混合膜，试样放入镀液后 MgO 会溶解，暴露出镁基体，使镁与镀液中 Ni^{2+} 发生置换。另外，镀液也会进入到氟化物膜中，因此在 SAM 分析时可显示出镀液成分的存在。随着离子溅射时间的增加，镁基体露出，镍与基体间并没有 MgF_2 夹层出现，而是镍与镁基体直接结合。镍初始沉积的 SAM 花样的层次如图 6-2 所示。

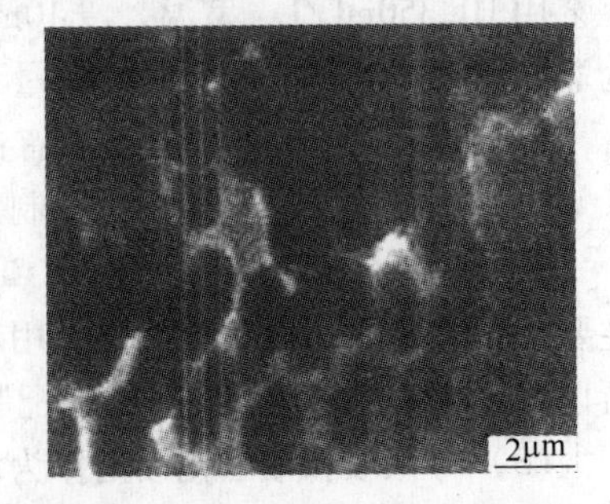

图 6-1　镁合金活化后表面形貌图

（2）XPS 分析镀 5min 后的表面成分与元素化学状态，

结果表明镁合金表面仍以 MgF_2/MgO 为主。氟的 1s 峰位于 685.8eV（见图 6-3），这一峰位与 MgF_2（685.70 ~ 685.75eV）的峰位对应得很好，说明氟主要以 MgF_2 形式存在，也证明了 MgF_2 膜在镀液中仍然稳定存在。

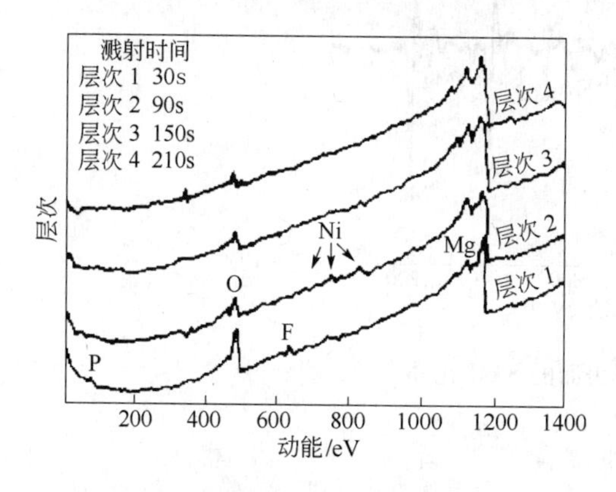

图 6-2 镍初始沉积的 SAM 花样

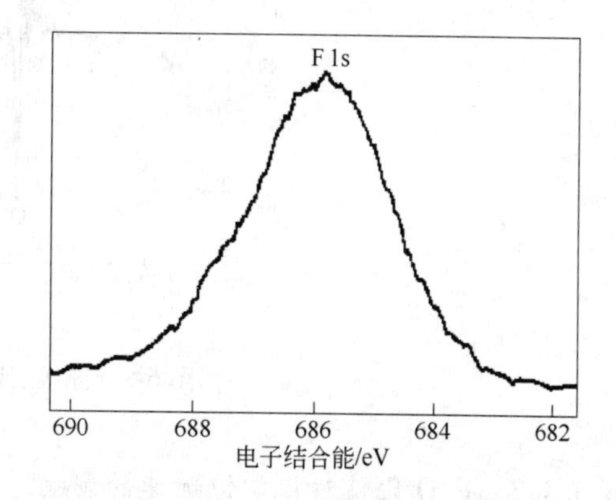

图 6-3 活化表面的 F 1s 的高分辨 X 射线光电子能谱

镍颗粒上的氟化物成分与其他区域的成分相比，氧含量高，氟含量低。究其原因可能是镍的形成使氟化物膜变形破裂，在空气中镍发生氧化，使膜中氧含量升高，在其他区域仍保留了活化生成的氟化物膜的成分。

随着施镀时间的延长，初始沉积的镍不断长大，使表面的氟化物膜被破坏。由于更多的镍核出现，并逐渐连成片状，最终将氟化物膜也割裂成片状。镍在纵向生长时，横向也长大，当相邻的镍核连接起来时，会将下面的氟化物与镀液成分封闭起来，从而形成氟化物的夹杂。

(3) 镀层横截面的成分分析也说明了氟化物与镍混杂层的存在，镀层截面的表面形貌如图 6-4（a）所示，在靠近基体的镀层内有些类似于夹杂的物质，该处能谱分析显示其中有相当含量的氟、氧以及钠（见图 6-4（b）），充分证明混杂层的存在。

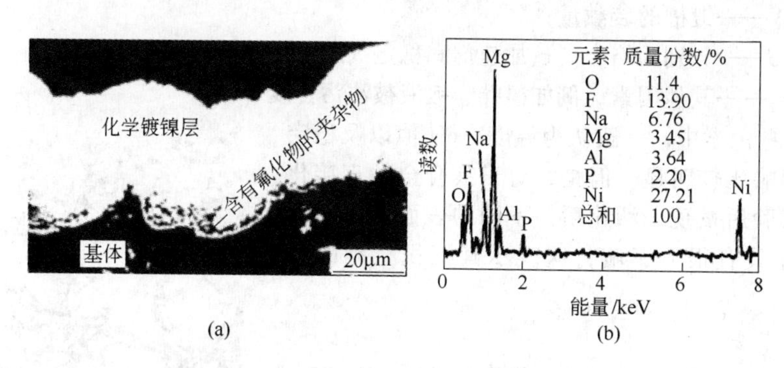

图 6-4 镍镀层横截面的 SEM 形貌图（a）和 EDX 花样（b）

(4) 图 6-5 为基体一侧的断口成分分析，表明断口成分主要是镁、氟、氧、镍、钠。氟化物夹杂层成为镀层与基体结合最薄弱的部位，在拉应力作用下，镀层首先在此开裂。因此，镀层断口上成分绝大部分是氟化物与镀液成分以及镍的混合物。

以每升镀液 0.01m^2 的装载量，MgF_2 的密度取 3.148g/cm^3。用溶解法测定，镁经活化后表面 MgF_2 的厚度约为 1.6μm。

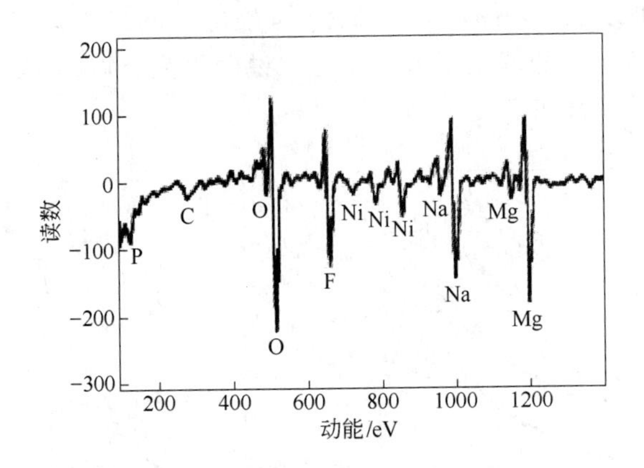

图 6-5　镍镀层断口表面的 SAM 花样

6.3.1.3　F/O 比值对化学镍镀速的影响

镁合金在直接化学镀镍前，一般都用较高浓度的 HF 活化，它不仅可以洗去经酸洗后沉积在基体表面的含铬化合物，而且还可以在基体表面形成一层氟化物膜。这层膜可以阻止镁基体在化学镀溶液中过多地溶解和置换沉积，从而使化学镀镍过程能够顺利进行。

A　影响镀速的因素

化学镀镍的镀速受很多因素的影响，可以用下式表达说明：

$$d=f(T,\mathrm{pH},c_{\mathrm{Ni}^{2+}},c_{\mathrm{Red}},c_{\mathrm{ored}},\mathrm{O/V},K,B,S,n_1,n_2,\cdots)$$

式中　d——镀速；

T——镀液温度；

pH——镀液的 pH 值；

$c_{\mathrm{Ni}^{2+}}$，c_{Red}，c_{ored}——分别为 Ni^{2+}、次磷酸根、亚磷酸根的离子浓度；

O/V——镀槽的装载量；

K，B，S——分别为络合剂、加速剂和稳定剂的种类和浓度；

n_1，n_2——其他因素，例如搅拌、镀液被沾污程度等。

在所有这些因素中，一般认为温度、pH 值以及稳定剂对镀速的影响比较明显。但是，对于镁合金的直接化学镀镍，经试验后发现，活化后，不同的表面状态对化学镀镍的镀速具有很大影响，这表示其沉积机制的特殊性。

B　实验方法

试样用铸态的 AZ1，其名义成分是 Al 9%、Zn 1%，Mg 为余量；试片尺寸为 ϕ30mm × 3mm，用 1000 号水砂纸磨光。

材料的断面金相组织如图 6-6 所示。

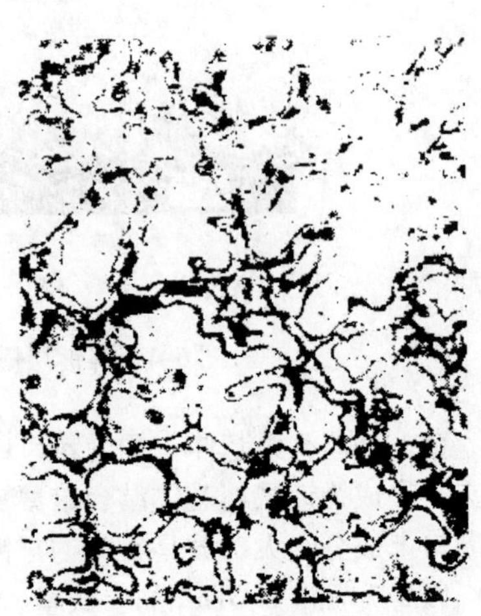

图 6-6　试样的金相组织（200 ×）

结合能谱分析得出，合金元素分布极不均匀，Al、Zn 大多以偏析的形式存在于晶界，并且在晶界上有网状的第二相 $Mg_{17}Al_{21}$（β 相）。

表面处理流程为：

（1）碱洗。溶液组成为：NaOH 60g/L；$Na_3PO_4 \cdot 12H_2O$ 10g/L。温度为60℃；时间为10min。

（2）酸洗。分别用两种配方，见表6-4。

表6-4 不同酸洗的配方

参　数	配方Ⅰ	配方Ⅱ
CrO_3	200g/L	120g/L
KF	1g/L	—
HNO_3(70%)	—	110mL/L
温　度	室温	室温
时　间	10min	1min

注：经配方Ⅰ酸洗的试样标号为Ⅰ，配方Ⅱ酸洗的试样标号为Ⅱ。

（3）活化。溶液组成为：HF（40%）375mL/L；温度为室温；时间为10min。

（4）化学镀镍。溶液组成为：$2NiCO_3 \cdot 3Ni(OH)_2 \cdot 4H_2O$ 12g/L；HF（40%）10g/L；$C_6H_8O_7 \cdot H_2O$ 5g/L；NH_4HF_2 10g/L；$NaH_2PO_2 \cdot H_2O$ 20g/L；$NH_3 \cdot H_2O$（25%）30mL/L；表面活性剂0.4g/L。pH值为6.5；温度为80℃。

化学镀液的装载量为1个试样/300mL，镀40min。

试样测试步骤为：

（1）化学镀后快速冷却镀液，稀释10倍，送电感耦合等离子体原子发射光谱仪（ICP-AES）进行Ni^{2+}浓度分析。

（2）试样经活化后用X射线光电子能谱仪（XPS）对表面成分和化学状态进行分析。

（3）酸洗质量损失是用精度为0.1mg的电子天平来测定的。

C　结果与分析

结果分析如下：

（1）施镀40min后，镀液中剩余的Ni^{2+}用ICP-AES测定，见表6-5。

表6-5 不同条件下镀液中剩余的Ni^{2+}浓度

状　态	Ni(352.4nm)/$mg \cdot L^{-1}$	状　态	Ni(352.4nm)/$mg \cdot L^{-1}$
原始	4936	试样Ⅱ	4511
试样Ⅰ	4876		

（2）试样Ⅰ和Ⅱ活化后的表面成分见表6-6。

表6-6 试样Ⅰ和Ⅱ活化后的表面成分（摩尔分数，%）

组　分	试样Ⅰ	试样Ⅱ
O	13	16
F	41	27
Mg	14	15
Al	8	5

续表 6-6

组　分	试样Ⅰ	试样Ⅱ
Si	1	2
Ca	1	—
C	余量	余量
F/O	41/13 = 3.15	27/16 = 1.69

能谱图表明，活化后表面上的 F 主要以 MgF_2 的形式存在。

（3）腐蚀速度。酸洗后镁合金表面具有一定的粗糙度，在粗糙表面的形状突变处形成的氟化物膜不容易连续和完整；另外，在活化过程中有 H_2 放出，这也可能使得氟化物膜疏松多孔。这样就造成试样活化后从 HF 中取出时，在氟化物膜不连续或孔隙的位置上，镁基体能与空气接触而氧化成 MgO。在活化后的试样表面有氧存在；且试样Ⅱ腐蚀比试样Ⅰ厉害，表面更粗糙，即在试样Ⅱ表面氧的含量更多，它的 F/O 就比试样Ⅰ要小得多，如图 6-7 所示。

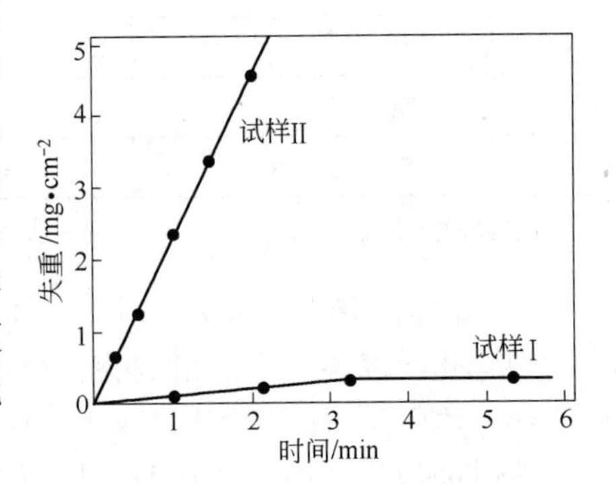

图 6-7　镁合金在酸洗液中的腐蚀速度

MgO 在化学镀镍溶液所处的 pH 值范围内（约 6.5）是不稳定的，它会溶解而使镁基体暴露并与化学镀镍溶液接触，这使表面可以依靠 Mg 与 Ni^{2+} 之间的置换作用沉积镍核，从而为化学镀镍的进行提供了条件。如果活化后的氟化物膜完整致密，由于氟化物不具有催化活性，且镀液中含有一定浓度的 F^-，以及氟化镁本身就极难溶于水，因此氟化镁在镀液中的溶解不太可能。这样就很难解释化学镀镍的初始沉积。正如实验所表明的，活化后 F/O 比较低，即表面 MgO 较多的试样在化学镀镍时镀速较快，这验证了以上关于镍的初始沉积的分析。

D　结论

镁合金上直接化学镀镍，它的镀速与氟化物活化后镁基体的表面状况即 F/O 比值有关，F/O 比值小，镀速快。这表明化学镀镍时的初始沉积，是通过氧化镁在镀液中的溶解，Mg 与 Ni^{2+} 的置换而得以进行的。

6.3.2　活化液中加入金属催化剂工艺方法

一种有效的镁上直接化学镀镍方法是用 HF 活化做镀前处理。通过活化处理后，在镁基体上形成一层氟化物膜层（MgF_2），这层膜能保护镁基体在镀液中免受过多的侵蚀和防止剧烈的 Mg 与 Ni^{2+} 置换，使得镁上化学镀镍过程能顺利进行。有研究者指出，这层 MgF_2 会夹杂在化学镀镍的沉积层中，从而影响了镀层与基体的结合牢度，而在 HF 的活化液中加入金属催化剂是一个简单的前处理改进方法。

6.3.2.1　镀前处理

通常采用以下两种镀前处理工艺：

（1）碱浸蚀→水洗→活化（HF 50mL/L）→化学镀镍。

（2）碱浸蚀→水洗→活化（HF 50mL/L 加金属催化剂 3 ~ 40g/L）→化学镀镍。

6.3.2.2　化学镀镍

碳酸镍 10g/L，次磷酸钠 24g/L，复合配合剂 20g/L，缓蚀剂 10g/L，稳定剂 1～4mg/L，光亮剂 1～3mL/L，pH 值为 4～5；温度为 80～95℃。

6.3.2.3　试验结果

1mm 厚的压延 AZ31D 镁合金板材采用镀前处理（1）的样品，当化学镀镍镀层厚度到 30μm 时，均出现鼓泡现象；而采用镀前处理（2）的样品，即使化学镀镍镀层厚度达到 60μm 时，也无鼓泡现象发生，也无其他由结合力不良而引起的问题。

6.3.3　浸锌后化学镀镍

镁上直接化学镀镍通常用碱式碳酸镍作为主盐的化学镀镍溶液，但是碱式碳酸镍价格昂贵且溶解性差（配制槽液时需用 HF 事先溶解）。若在镁制零部件经 HF 活化后，再用浸锌处理，就可以进行硫酸镍体系的化学镀镍工艺。

6.3.3.1　处理工艺

工艺流程为：超声波清洗→碱洗→酸洗（3 种配方溶液）→活化（2 种配方溶液）→浸锌（2 种配方溶液）→化学镀镍（2 种配方溶液）→钝化。

超声波清洗采用丙酮，20℃（室温），10min。

碱洗的溶液成分为：NaOH 50g/L，$Na_3PO_4 \cdot 12H_2O$ 10g/L；温度为（60±5）℃；8～10min。

酸洗的溶液成分为：

（1）CrO_3 125g/L，HNO_3(68%)110mL/L，温度为 20℃；40～60s。

（2）CrO_3 200g/L，KF 1g/L；温度为 20℃；10min。

（3）CrO_3 180g/L，KF 3.5g/L，$Fe(NO_3)_3 \cdot 9H_2O$ 40g/L；温度为 18～38℃；0.5～3.0min。

活化的溶液成分为：

（1）HF（40%）385mL/L；温度为 20℃；10min。

（2）H_3PO_4（85%）150～200g/L，NH_4HF_2 80～100g/L；温度为 20℃；2min。

浸锌的溶液成分为：

（1）$ZnSO_4 \cdot 7H_2O$ 30g/L，$Na_4P_2O_7 \cdot 10H_2O$ 120g/L，LiF 3g/L 或 NaF 5g/L 或 KF 7g/L，Na_2CO_3 5g/L，pH 值为 10.2～10.4；温度为 80℃；10min。

（2）$Zn(CH_3COO)_2 \cdot 2H_2O$ 37g/L，$Na_4P_2O_7 \cdot 10H_2O$ 120g/L，LiF 3g/L 或 NaF 5g/L 或 KF 7g/L，Na_2CO_3 5g/L，pH 值为 10.2～10.4；温度为 80℃；10min。

化学镀镍的溶液成分为：

（1）$NiSO_4 \cdot 6H_2O$ 20g/L，HF(40%)12mL/L，$Na_3C_6H_5O_7 \cdot 2H_2O$ 20g/L，NH_4HF_2 10g/L，$NH_3 \cdot H_2O$(25%)30mL/L，$NaH_2PO_2 \cdot H_2O$ 20g/L，硫脲 1mg/L，pH 值为 6.5±1.0；温度为 88℃；60min。

（2）$NiCO_3 \cdot 2Ni(OH)_2 \cdot 4H_2O$ 10g/L，HF(40%)12mL/L，$C_6H_8O_7 \cdot H_2O$ 5g/L，NH_4HF_2 10g/L，$NH_3 \cdot H_2O$(25%)30mL/L，$NaH_2PO_2 \cdot H_2O$ 20g/L，硫脲 1mg/L，pH 值为 6.5±1.0；温度为（80±2）℃；60min。

钝化处理的溶液成分为：CrO_3 2.5g/L，$K_2Cr_2O_7$ 120g/L；温度为 90～100℃；60min。

6.3.3.2 镀层测试

AZ91D 镁合金试片 10mm × 10mm × 4mm，用酸洗（1）、活化（1）、浸锌用两种配方（1）和（2），化学镀镍用两种配方（1）和（2），其他处理一样。

经过上述工艺流程处理的试片，都用 5% NaCl 溶液浸泡 2h。观察试样上的腐蚀点数。

6.3.3.3 结果与分析

浸锌配方及结果见表 6-7。

表 6-7 浸锌配方及结果

试样号	配方	浸锌后的外观	化学镀镍后的外观	浸泡 2h 后的形貌
1	(1)	淡蓝色、均匀	银灰色	2 个腐蚀点
2	(2)	与浸锌前无差别	银灰色	约 10 个腐蚀点
3	不浸锌	—	银灰色	5 个腐蚀点

浸锌后，1 号试样表面呈浅蓝色，看上去明显浸镀了一层均匀的锌膜；2 号试样表面与浸锌前几乎没有什么差别；3 号试样是活化后直接化学镀镍。这三种试样经 NaCl 溶液腐蚀后，腐蚀程度为 2 号 >3 号 >1 号，这表明浸锌配方（1）得到的镀层耐腐蚀性较好；至于 2 号试样，活化后不但没有浸镀上锌，而且又受到浸锌液的浸蚀，因此其耐蚀性不及 3 号试样。

使用浸锌液（1）浸 10min，再用 HF 活化液退除，40s；二次浸锌 10min，化学镀镍，它的耐 NaCl 溶液的腐蚀比一次浸锌的有所改进。

两种化学镀镍获得的镀层，其抗蚀性对比见表 6-8。

表 6-8 两种化学镀镍获得的镀层的抗蚀性对比

试样号	化学镀镍配方	镀后外观	浸泡 2h 后表面形貌
1(浸锌液(1))	配方(1)	银灰色	表面基本没腐蚀
2(浸锌液(1))	配方(2)	银灰色	近 10 个腐蚀点

表 6-8 结果表明，镁上化学镀镍的镀液配方中可用硫酸镍体系，但需在镀前用浸锌法处理。

6.3.3.4 浸锌法示例

与铝上电镀相似，浸（镀）锌法也是镁及镁合金进行电镀前的一种有效的预处理方法。目前，国内外主要采用美国 ASTM 推荐的标准方法，是 Dow 公司开发的浸锌法，其预处理采用了浸锌和氰化物镀铜工艺，其工艺流程为：清洗（除油脱脂）→酸浸蚀→活化→浸锌→氰化物闪镀铜→进一步电镀，见表 6-9。

表 6-9 浸锌和氰化物镀铜的配方及条件

工序	配方		条件
浸锌	$ZnSO_4 \cdot 7H_2O$ $Na_4P_2O_7$ LiF Na_2CO_3	30g/L 120g/L 3g/L 5g/L	pH 值为 10.2 ~ 10.4 温度为 80℃ 时间为 8min

续表 6-9

工 序	配 方		条 件
氰化物镀铜	CuCN KCN KF	38 ~ 42g/L 64.5 ~ 71.5g/L 28.5 ~ 31.5g/L	pH 值为 9.6 ~ 10.4 起始电流密度为 5 ~ 10A/dm^2 工作电流密度为 1 ~ 2.5A/dm^2 温度为 45 ~ 60℃ 时间为 6min

6.3.4 浸铝后化学镀镍

镁合金化学镀镍处理，不仅可以获得较高的耐蚀性和耐磨性，而且能够在形状复杂的铸件上得到厚度均匀的镀层。虽然镁制件经氟化物活化后，也可以直接化学镀镍，但为了提高化学镀层与镁基体的结合牢度，可采用预浸中间层——铝后再进行化学镀镍工艺。

6.3.4.1 处理工艺

工艺流程为：除油（2 种配方）→酸洗（2 种配方）→活化（2 种配方）→预浸中间层（2 种配方）→化学镀镍。

各种处理液的成分及工作条件见表 6-10。

表 6-10 各种处理液的成分及工作条件

工 序		配 方		工作条件
除 油	配方 1	NaOH $Na_3PO_4 \cdot 12H_2O$	60g/L 10 ~ 20g/L	室温,10min
	配方 2	工业酒精		室温,反复刷洗
酸 洗	配方 1	H_3PO_4(85%)		室温,2 ~ 5min
	配方 2	H_3PO_4(85%) HNO_3	600mL/L 2mL/L	室温,5 ~ 15min
活 化	配方 1	H_3PO_4(85%) NH_4HF_2	50 ~ 60g/L 100 ~ 120g/L	室温,8 ~ 10min
	配方 2	HF	200 ~ 250mL/L	室温,10 ~ 15min
预浸中间层	浸锌	$ZnCO_3$ NH_4HF_2 HF(40%)	30 ~ 35g/L 8 ~ 10g/L 5 ~ 8mL/L	pH 值为 2 ~ 10 65 ~ 80℃ 5 ~ 8min
	浸铝	$Al(OH)_3$ NaOH	10 ~ 20g/L 15 ~ 25g/L	室温,30 ~ 40min
化学镀镍		$NiCO_3$ $NaH_2PO_2 \cdot H_2O$ HF(40%) $Na_3C_6H_6O_7$ 稳定剂 缓冲剂 $NH_3 \cdot H_2O$	10g/L 70mL/L 15mL/L 5g/L 少量 少量 适量	pH 值为 6.5 75 ~ 80℃ 30 ~ 40min

6.3.4.2　结果与分析

AZ91D 压铸镁合金尺寸为：45mm×35mm×5mm，用除油液（2）、酸洗液（2）、活化液（2）、预浸铝后化学镀镍，镀层用电子探针和微区能谱分析。

镀镍层成分如图 6-8 所示。过渡层成分如图 6-9 所示。镀层进行热震试验，经 250℃、10 次加热冷却未脱落。

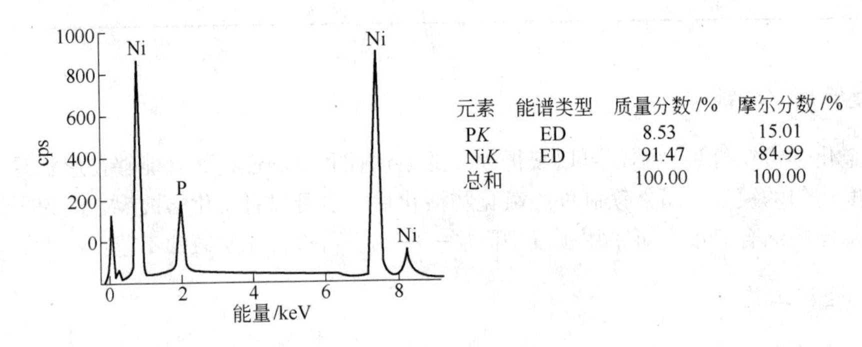

图 6-8　镀镍层的能谱

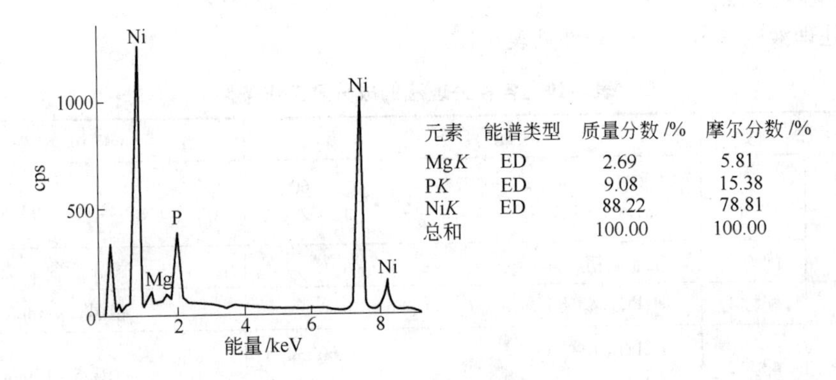

图 6-9　过渡层的能谱

镁和镍的标准电极电位分别是 -2.34V 和 -0.25V，二者相差较大，直接在镁上化学镀镍会发生剧烈的置换反应，使镀层与基体结合不牢。预浸中间层的电极电位介于镁和镍之间，一般是采用浸镀锌作中间层的。经试验发现，浸锌后的镁试样在化学镀液中会导致镀液分解，而且产生的镀层结合力较差，易起皮、脱落。改用铝作中间层，它的电位为 -1.66V，也在镁和镍之间。

由于镁在含有 SO_4^{2-}、Cl^- 的溶液中易受腐蚀，而在含 F^- 的溶液中比较稳定，故化学镀液中用 $NiCO_3$ 作主盐，加入 HF，一方面是为了溶解镍盐，另一方面也可以提高镀速并有助于在浸铝层上镀覆。为提高镀层质量，镀液中加入了适量的络合剂、稳定剂和缓冲剂等，并用 $NH_3 \cdot H_2O$ 调节 pH 值，使镀液趋于中性。

AZ91D 镁合金表面化学镀镍的微观组织如图 6-10 所示。

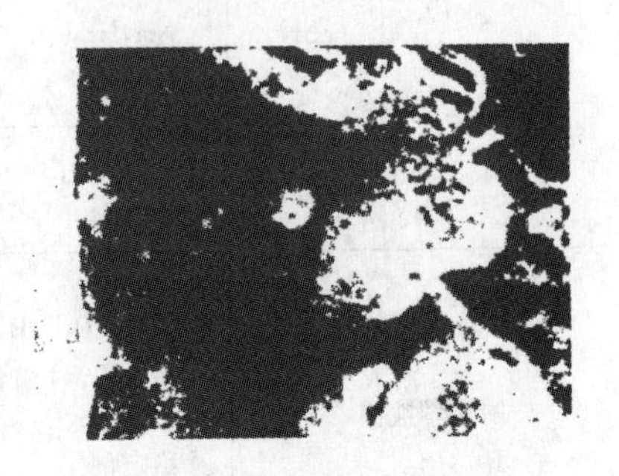

图 6-10　镁合金化学镀镍层（组织形貌 400×）

6.4 镁及镁合金浸镀后电镀

6.4.1 镁及镁合金浸镀前处理

众所周知，镁合金制的零部件不能直接浸入电镀槽液进行电镀。如何将镁合金表面进行适当的预处理，然后再用常规电镀，达到对镁合金表面防护装饰，已成为国内外表面处理研究的课题。镁合金镀前合金化处理方法属于浸镀法范畴，具体介绍如下。

6.4.1.1 前处理

镁合金在进行表面合金化处理之前，必须进行充分的脱脂、除油、除锈、弱腐蚀、活化等工序。前处理的好坏是决定合金化处理质量的关键。

6.4.1.2 合金化处理

槽液配制方法为：FG20301 开缸剂 65g/L，用纯水将固体开缸剂充分溶解，过滤、静置 24h 后使用，用 $NH_3 \cdot H_2O$ 调整 pH 值为 5.8 ~7。

操作条件为：温度为 (75 ±2)℃；时间为 20 ~60min。

操作方法为：

(1) 将经过活化的镁合金工件放入处理槽液中。

(2) 槽液进行循环过滤，除去其中的微粒杂质。

(3) 自动控制温度，随时补充蒸发消耗的水分。

(4) 对槽液进行低速搅拌。

(5) 按时取出工件，清洗后即可电镀或化学镀镍磷合金。

槽液调整：

(1) 分析镍含量，作调整的依据。取槽液 10mL 于锥形瓶内，加 30mL 蒸馏水和 15mL 氨水，加紫脲酸铵指示剂少许，试液呈棕色；用 0.05mol/L EDTA 液滴定至变为紫色为止，记下消耗的 EDTA 毫升数 V。计算镍的浓度 (g/L)：

$$c_{Ni^{2+}} = V \times 0.05 \times 5.87$$

(2) 原液 $c_{Ni^{2+}}$ (g/L)，减去使用后槽液 $c_{Ni^{2+}}$ (g/L)，所得消耗的镍量即为镍补充量。

当每升槽液要求补充 1g/L 镍时，可加入 FG20301 补加剂 10g 进行调整，搅拌溶解。

(3) 用 $NH_3 \cdot H_2O$ 调整槽液的 pH 值，然后即可使用。

6.4.2 镁及镁合金电镀的影响因素

镁及镁合金电镀或化学镀镍的关键是镀前处理。前处理中的酸洗、活化和浸锌这三个工艺流程中的操作步骤对后续镀层的质量影响介绍如下。

6.4.2.1 酸洗

酸洗又称酸（浸）蚀，是为了除去金属表面的氧化物、嵌入工件中的污垢以及附着的冷加工屑。酸洗液以 CrO_3 和 HNO_3 组成的溶液为好（见 6.3.3.1 节中酸洗液成分（1））。镁合金基体经过这种溶液浸蚀后，表面具有一定的粗糙度，能加大镀层金属与基体金属的机械咬合作用，从而提高镀层的结合力。酸洗也可用磷酸和硝酸组成的溶液（见表 6-10）。

6.4.2.2　活化

活化有两种，一种是氟化物活化，另一种就是酸活化（见表6-1）。在镁上直接化学镀镍工艺中，预先须用氟化物活化，通常以HF为好。根据报道，化学镀镍时，镍是在活化后形成的氟化物膜层下面成核的，MgF_2膜层能够保护镁基体免受镀液的强烈腐蚀。在HF组成的活化液中，由于F^-的含量比较高，镁基体经活化后表面形成的氟化物膜层比较厚，对镁基体保护得更好，因此后续的化学镀镍层更为致密，结合更牢。

6.4.2.3　浸锌

浸锌法是一种常用、有效的预处理方法，浸锌层的厚度和致密度直接影响到后续镀层的质量。以下从温度、浓度和时间三方面来分析浸锌层的影响因素。

镁合金浸锌工艺为：硫酸锌30~60g/L，络合剂120~150g/L，碳酸钠5~10g/L，氟化钾3~6g/L；温度为20~80℃；时间为10~15min。主要影响因素有：

（1）温度和浓度对浸锌的影响：

1）浸锌时温度过低，镁合金很难在溶液中发生反应，时间再长，也得不到均匀细致的浸锌层。

2）浸锌时浓度过高或过低（最佳的锌浓度范围为13.7g/L > Zn > 6.8g/L），得到的浸锌层难以均匀致密。

（2）浸锌时间对浸锌层的影响。图6-11（a）~（d）所示分别为同一实验条件下，浸锌1min、5min、9min以及20min的镁合金表面形貌。

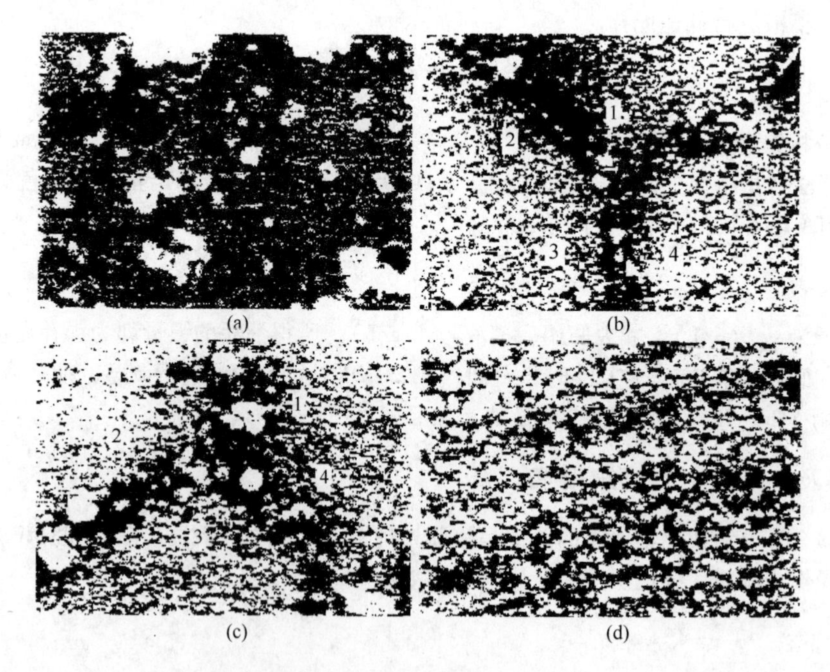

图6-11　浸锌后的镁合金表面形貌

（a）1min；（b）5min；（c）9min；（d）20min

从图6-11（a）可以看出，在镁合金表面，有些地方已经有少量的锌附着，在低倍物镜下观察，锌的附着还是很均匀的。

图6-11（b）表示，镁合金表面已经有了一层很致密的锌层，锌的颗粒细小均匀。在浸锌层上出现了明显的晶界，并在晶界上有明显的析出物，如图中的1、2处。经X射线波谱分析，1处的主要成分为镁、氧、磷、铁；2处为镁、氧、磷、锌和少量其他元素。在浸锌过程中，镁合金中原有的杂质元素分别聚集在晶界处。

从图6-11（c）可知，表面已形成了均匀的晶粒状浸锌层，晶界明显存在，第二类析出物均匀地分布在晶界上。晶界呈不连续状态，一些地方被浸锌层覆盖。在高倍物镜下，可以看到晶界中已经有了锌颗粒，但分布较少。经X射线波谱分析，晶界中存在的物质为铁、氧、磷、碳等杂质元素。

从图6-11（d）可以看出，在镁合金表面已经形成了一层均匀致密的浸锌层，表面的晶界不再存在。在浸锌过程中，由于锌含量很高，因此在镁合金表面形成了晶花，同时杂质元素不断汇集，从而形成了颗粒状物质和明显的晶界。而在这些晶界处，则往往是后续试验中最易腐蚀的地方。浸锌时间太短，则得不到致密均匀的浸锌层，后续工序也难以进行；浸锌时间太长，则浪费人力和物力。因此，浸锌时间一般为10～15min。

图6-12所示为在相同的浸锌条件下得到的化学镀镍层的表面形貌。镀镍层颗粒直径为10μm左右，大小均匀。化学镀镍后表面光洁细致，抗蚀性强。

（3）表面均匀电势的测定。在铝上电镀以及镁上电镀的叙述中，都涉及在镀前处理时，要在基体金属表面产生一个均匀平衡的电势，使后续的电镀或化学镀能够顺利进行。下面以浸锌为例，来说明表面电势的测量是怎样进行的。

图6-13所示为在25℃浸镀锌时表面电势测量的简易装置。图中3可用电位差计或晶体管直流电压表（晶体管万用表中的直流电压测量一档）。

图6-12　化学镀镍层表面形貌

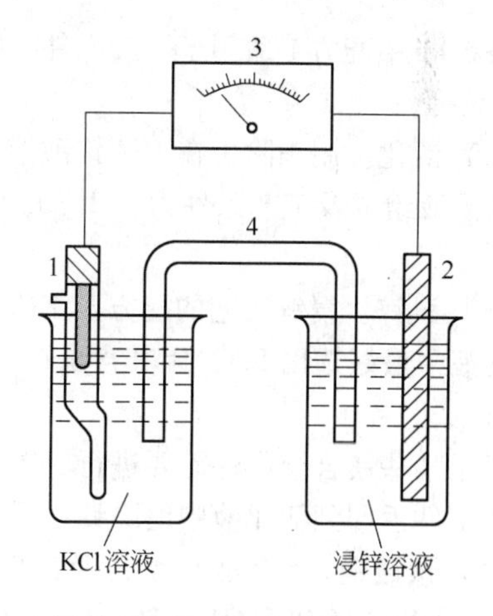

图6-13　用甘汞电极测量浸锌时电极电位的装置

1—甘汞电极；2—镁；3—电子管伏特计；4—盐桥

图中4盐桥是电解质（盐质）连接管或者叫“虹吸管”，是一支U形玻璃管，管内填充饱和氯化钾的琼脂凝胶。这种凝胶的制法是用30g氯化钾、3g琼脂和100mL的水徐徐加热到成为透明溶液为止，将琼脂和盐的溶液里的空气泡排净之后，用吸入的方法装于虹吸管里。琼脂溶液冷却之后就变成凝胶，这种虹吸管能长时间保存，不使用时必须放在饱和的氯化钾溶液里。如将凝胶存放在空气中就会变干，而且小空气泡会渗入凝胶里面去，使它的电阻升高，致使虹吸管失去效用。

图6-14所示为带有多孔玻璃塞的连接管，这种类型的连接管特别适于在较高温度下进行电位测量用。

若直流电压表中的读数为 E，则浸锌的表面电势 $\varphi_{浸Zn}$ 计算如下：

因为 $\varphi_{正}=\varphi_{甘汞}=0.2438$（饱和KCl溶液）

所以 $E=\varphi_{正}-\varphi_{负}=\varphi_{甘汞}-\varphi_{浸Zn}$

即 $\varphi_{浸Zn}=\varphi_{甘汞}-E=0.2438-E$

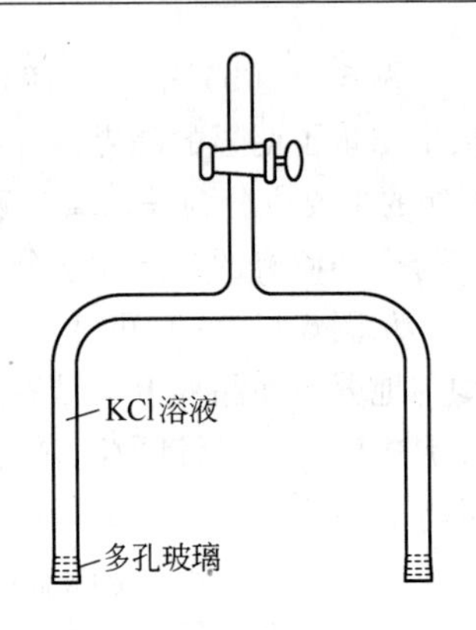

图6-14　电解质连接管

6.4.3　侵蚀、浸锌后电镀

浸锌法对锻造和铸造镁合金均适用，在电镀前需对镁合金表面进行化学侵蚀和活化处理。具体步骤如下：

（1）化学侵蚀。镁合金浸锌的侵蚀液成分及工艺条件见表6-11。

表6-11　镁合金浸锌的侵蚀液成分及工艺条件

溶液成分及操作条件	配方1	配方2	配方3
CrO_3/g·L^{-1}	180	180	120
$Fe(NO_3)_3\cdot9H_2O$/g·L^{-1}	40		
KF/g·L^{-1}	3.5~7		
HNO_3/mL·L^{-1}			110
温度/℃	室温	20~90	室温
时间/min	0.5~3	2~10	0.5~3

表6-11中配方1适用于一般零件，配方2适用于精密零件，配方3适用于含铝量高的镁合金。

（2）活化。用来除去在上述铬酸溶液中酸洗时生成的铬酸盐膜，并进一步活化镁合金表面，其溶液组成及工艺条件为：H_3PO_4 200mL/L；NH_4HF_2 100g/L。温度为室温；时间为0.5~2min。

（3）浸锌。浸锌工艺的配方及工作条件可参考表6-9。

溶液中最好选用LiF，因其含量在3g/L时已达到饱和，可以加入过量的LiF对其含量做自动调节。

对于某些镁合金零件需要进行二次浸锌，才能获得良好的置换锌层。此时可以将第一次浸锌后的工件返回到活化液中退除锌层后，再在此溶液中进行二次浸锌。

（4）预镀铜。预镀铜的配方及工作条件为：CuCN 30g/L；NaCN 41g/L；控制游离氰化钠7.5g/L；$KNaC_4H_4O_6\cdot4H_2O$ 30g/L。pH值为10~11；温度为22~32℃；电流密度为：先在5A/dm^{2}下镀2min，后降至1~2A/dm^{2}镀5min；搅拌为阴极移动。

预镀铜后，经水洗可再镀其他金属。

复习思考题

6-1　镁上电镀的难点主要有哪些？

6-2　简述镁上电镀和化学镀工艺。

6-3 简述镁合金浸锌及膜层彩化工艺。

6-4 镁上直接镀镍时应注意哪些主要事项？

6-5 简述镁上化学镀镍层与基体的结合机理。

6-6 F/O 比值对化学镍镀速率的影响主要有哪些？

6-7 简述镁在电镀前的合金化处理。

6-8 镁及镁合金电镀的影响因素主要有哪些？

7 提高镁合金整体耐蚀性和强化的方法

提高镁合金本身的耐蚀性是解决镁合金腐蚀的根本出路。镁合金的腐蚀性能决定于镁合金本身的化学成分、相组成与微观结构，因此改变或优化镁合金的成分、相组成与微观结构也就成了提高镁合金腐蚀性能的必然途径。改变这些因素的方法很多，可以在最初的镁合金冶炼时去除杂质的有害性，加入合金化元素；也可以在后续镁合金构件生产过程中用不同的制备技术来获得。

由于成分、相组成与微观结构的变化必然会引起合金的其他物理化学性质与性能的改变，有可能会变差，但镁合金耐蚀性能的提高不能以牺牲这些性能来获得，因此，这些提高镁合金耐蚀性的途径有很大的限制。

7.1 去除镁合金杂质的有害性来提高耐蚀性和强化

人们早就认识到杂质元素对镁合金的不利作用，但全面地意识到高纯镁合金的优点，并利用去除杂质来提高镁合金的耐蚀性只是近一二十年的事。

7.1.1 提高镁合金的纯度

一般高纯的镁合金比纯度不高的镁合金有好得多的耐蚀性，提高镁合金的纯度是一种常用的提高镁合金耐腐蚀能力的手段。当杂质含量不超过它们的允许极限时，镁合金的腐蚀速度会很低，例如，AZ91 和 AM60 在盐雾条件下的耐腐蚀性能比压力铸造的 Al380（Al-4.5Cu-2.5Si）和冷滚轧钢还要好。

提高镁合金的纯度主要是通过冶金的方法进行，如对镁合金进行精炼，但一般成本比较高。

7.1.2 杂质无害化

将镁合金中的有害元素的含量降到较低的水平在技术上较难实现，成本也较大。实际上，去除杂质的有害性不一定要将杂质从镁合金中去除，如果能将杂质转化成无害的物质，则即使这些杂质还留在合金中，也对腐蚀性无大碍。较为容易和经济地达到这一目的的方法是在镁合金中加入一些易与杂质反应的元素，使杂质与这些元素结合后变成对腐蚀危害不大的物质。目前已知的有这种功能的元素有锰或锆。所以在镁合金中加锰或锆是镁合金杂质无害化的主要手段。一般含铝的镁合金中加入一些锰，或不含铝的镁合金中加入一些锆后，耐蚀性都会有较大的提高。

7.1.3 合金化

合金化是改变镁合金化学成分、相组成与微观结构的重要手段，它是提高镁合金耐蚀性的重要途径。

从提高耐蚀性的角度看，合金化的目的是促进基相的耐蚀性和耐蚀阻挡相的生成与合理分布，以提高镁合金的耐蚀性。

从目前常用的合金化元素来看，公认的对镁合金耐蚀性提高有益的元素是铝，只要镁合金中含有适量的铝，它的耐蚀性要比未加铝时的高。铝的加入，一方面促使合金中基相（α 相）钝性提高；另一方面，有利于生成更多的更耐蚀的 β 相，在 α 相晶粒间形成连续的网络，阻止 α 相腐蚀的扩展。但铝的量应适中，否则会影响到镁合金的其他性能。另外，β 相是否有阻挡腐蚀的作用，关键还是看是否形成了有效的阻隔网。此外，稀土与锆也能提高镁合金的耐蚀性，稀土元素主要是会促进镁合金的钝性，而锆可能会促使 α 相的化学稳定性。

7.2 采用特种铸造来提高镁合金耐蚀性和强化

铸造是生产镁合金铸锭、半成品与成品的主要过程，也是可以提高镁合金产品耐蚀性的重要手段之一。

7.2.1 采用压力铸造

压力铸造是最常用的一种镁合金构件生产方式，特别适用于大批量的生产。镁合金在冷腔压铸时，铸件表层的冷却速度较高，可认为是快速凝固过程，而铸件内部的冷却速度较低，与普通铸造较为接近。这样，快速凝固的镁合金的表层就有一定的特殊性，现以 AZ91D 压铸件为例说明。

由于铸造过程的特殊性，熔融镁合金在被压入模腔前就已凝固出部分含铝极低的 α 相晶粒。当被挤入金属压力模腔后，由于流体力学的作用，这些固体的低含铝 α 相晶粒倾向于集中到铸件表层，剩下的液态镁合金含铝较高。进入金属模腔后，在与模腔壁接触时，由于金属模的高热容量，表层受金属模壁的冷却速度较大，快速凝固。所以镁合金的压力铸造件的表面总是有一层快速凝固而形成的表面层，晶粒很细，相对富铝而 β 相的量较多，并且分布十分均匀，沿着晶间形成了几乎连续的 β 相网络。这样的表面层显然有利于该压铸件的抗腐蚀。相反，在压力铸造的镁合金内部，α 相晶粒粗大，β 相较少且分布不连续，所以不耐蚀。压铸 AZ91D 在 pH = 11 的 1mol/L 的 NaCl 溶液中的腐蚀情况见表 7-1。

表 7-1 压铸 AZ91D 在 pH = 11 的 1mol/L 的 NaCl 溶液中的腐蚀情况

铸 件 部 位	腐蚀穿透速度/$mm \cdot a^{-1}$
压铸件内部	5.72
压铸件表层	0.66

简言之，由于冷腔压力铸造，试样的表面微观结构一般比普通铸造的要细，β 相的分布比较连续，能有效地阻止腐蚀的发展，故其耐蚀性也就相应较高。如果能适当地优化压力铸造的工艺过程，进一步地细化合金试样表面的晶粒度，提高耐蚀的第二相的含量与连续分布，镁合金的耐蚀性完全有可能得到进一步的提高。

7.2.2 采用半凝固铸造

半凝固铸造是一种较新的低成本的镁合金铸造技术。在半凝固铸造时，将熔化的镁合金的温度控制在液相线与固相线之间，这样镁合金在凝固时处于半凝固状态，约一半为固相一半为液相。在凝固过程中由于强烈的搅动，凝固中形成的枝晶被打碎。这样得到的固态合金，由于铸造温度较低，收缩率低、黏滞性高、能耗少、产率高、模具寿命长。其微观结构特点是较大的等轴 α 基相晶粒由较细的共晶 α 相与其他合金相包围着，β 相的含量相对略多些。理论上，由于这些α相粗晶的四周形成了连续的β相网络，可能会有效地阻止α相腐蚀的发展，同时还有可能使粗晶的α相中的铝含量（摩尔分数为2.7%）较普通铸造的镁合金的α相的（1.6%）高，故半凝固铸件的耐腐蚀性能较高。有时半凝固铸造的镁合金耐蚀性能甚至还会比压力铸造稍高些（见图7-1）。因此，半凝固铸造有可能成为提高镁合金耐蚀性的手段之一。

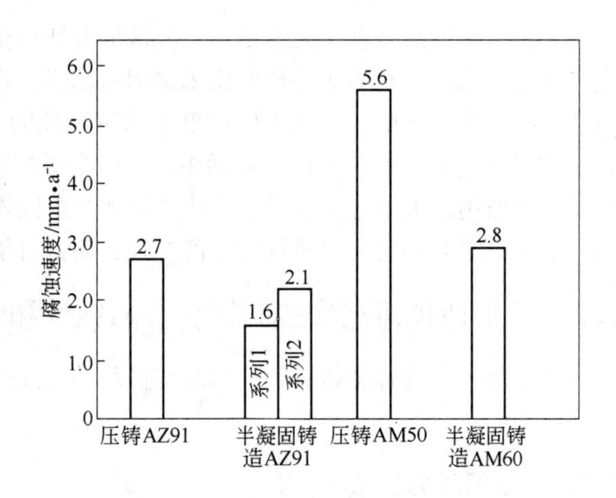

图7-1　浸泡在5% NaCl溶液中的半凝固铸造与压力铸造AZ91与AM50镁合金腐蚀速度（25℃，72h）

但实际上，有些半凝固铸造的AZ91D的腐蚀性能并不总是比普通模铸的好。有人发现，在NaCl溶液中，初期半凝固铸态的腐蚀速度较高，后期其腐蚀速度才降下来。这有可能是半凝固态的AZ91D合金的阴阳极差别较大，故电偶电池的作用较大，于是初期时电偶腐蚀活动较强烈所致。此外，还有报道，半凝固铸造还能提高镁合金在300℃以下的抗氧化能力。

7.2.3　采用固态塑性成形

锻造、挤压等也是生产镁合金构件的重要方法。从理论上讲，这些制造过程会很大程度上改变镁合金的微观组织结构，因此也会导致镁合金耐蚀性能的变化。但迄今为止，这方面的报道还十分少，无法总结。

7.3　采用固溶热处理来提高镁合金的耐蚀性和强化

热处理是调整合金相、成分分布与晶粒尺寸的有效手段。它对镁合金的腐蚀有很大的影响。热处理对镁合金腐蚀性能的影响，实质上是通过镁合金微观组织的变化而获得的。以AZ91E镁合金为例，T5与T6处理都可大大提高其耐蚀性，而T4处理则使其耐腐蚀性能大大降低。

常用的热处理方法有固溶均匀化热处理（T4）、固溶时效热处理（T6）和时效热处理（T5）。它们也可以用来改变镁合金的耐腐蚀性能。从目前对AZ91镁合金热处理的结果来看，这些热处理对耐蚀性能的改变很大程度上决定于它们对合金中第二相分布的影响。T4热处理减少合金析出的β相，腐蚀速度因此上升；T5与T6热处理使大量β相析出，形成连续的腐蚀阻挡层，于是腐蚀速度下降。

图7-2所示为实效热处理对AZ91D压铸件腐蚀性能影响的情况。可以发现，在时效45h左右，AZ91D压铸件的腐蚀速度降到了最低点。这与时效热处理过程中镁合金中铝成分与β相组成与分布的变化有关。如图7-3和图7-4所示，AZ91D压铸件中的α相中固溶铝含量随着时效时间的增长而减少，这实际上不利于腐蚀速度的提高。但同时该压铸件中β相的量却是随着时效的时间的延长而增大，且新增的β析出相主要分布于晶界上，这就有利于阻挡腐蚀的发展。这两个相反的腐蚀倾向随时效时间的变化，最终导致出现了腐蚀速度的最低值。

不过，对于杂质含量较高的AZ91C，热处理对腐蚀性能的影响则不明显。短时间的T5时效热处理对AZ91与AM60合金的抗蚀性有不利的影响。但时效时间较长时，合金的耐蚀性能又有所恢复。这种现象已不能简单地用β相变化来解释了。

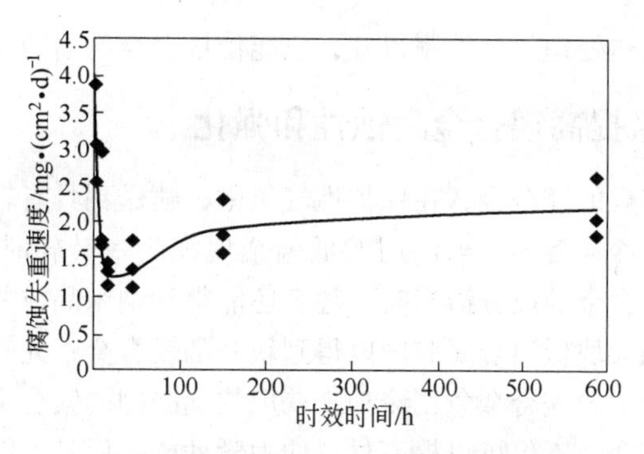

图 7-2　160℃时效热处理对 AZ91D 压铸件腐蚀性能影响的情况

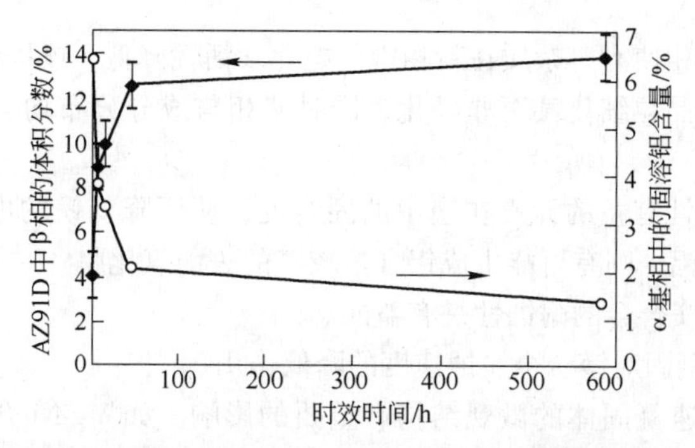

图 7-3　AZ91D 压铸件中的β相含量与α相中固溶铝含量随 160℃时效时间的变化

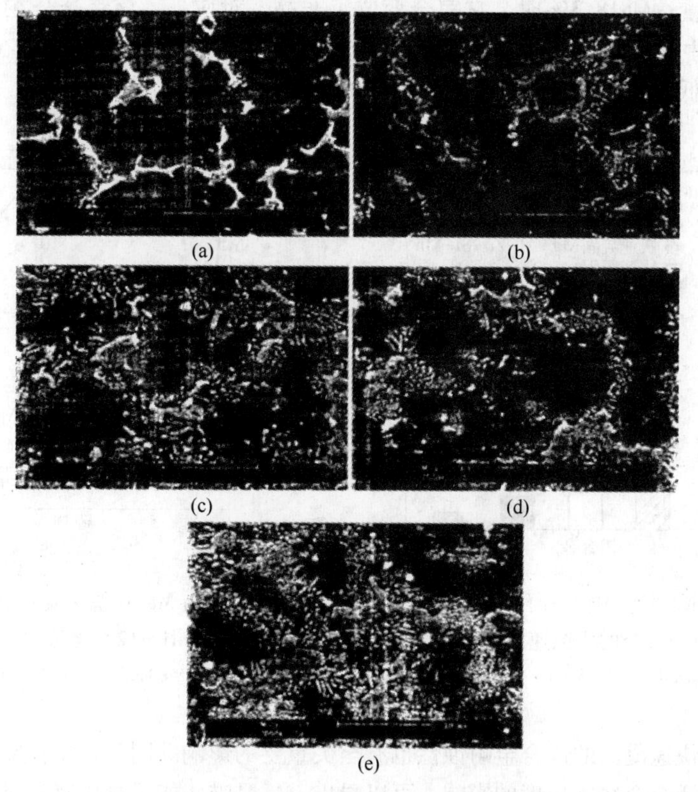

图 7-4　AZ91D 压铸件中的β相含量与分布随 160℃时效时间的变化

（a）毛坯铸件；（b）6h；（c）15h；（d）45h；（e）585h

以上结果说明，时效热处理只要控制得好，也能使镁合金的耐蚀性得到提高。

7.4　采用快速凝固来提高镁合金耐蚀性和强化

快速凝固一般是将熔融的镁合金，在保护性气氛中，喷送到具有较高热容的低温的金属模上，使熔融的镁合金急剧冷却凝固。当使用的低温金属模为一转轮时，可得到较薄的镁合金带，晶粒十分细小；当镁合金的成分恰当时，甚至还能得到纳米晶或非晶；还可用高压的惰性气体将熔化的镁合金喷到大块低温金属腔内以得到块状的镁合金；此外，也可用溅射、气相沉积、激光处理等手段使熔融的镁合金急剧冷却来获取快速凝固的镁合金。

快速凝固制成的镁合金，不仅可以提高材料的力学性能，而且也能增加其耐蚀性。提高耐蚀性的原因有：

（1）它可能生成新相使有害杂质在新相中的电化学活性降低，或提高杂质的允许极限。

（2）它使镁合金的晶粒细化甚至非晶化，同时使相与成分分布均匀化而降低微电偶腐蚀的活性。

（3）它提高对耐蚀性有益的元素在镁中的固溶度，从而降低镁的电化学活性。例如，镁中如果含有较多的固溶铝，则有可能生成铝含量较高的表面氧化膜。这样镁合金就有较好的自钝性和自修复性，这对镁合金的耐蚀性是有益的。

图 7-5 所示为快速凝固对镁合金腐蚀速度的降低作用。

镁合金的成分对快速凝固体的微观结构有重要的影响。如 Mg-Ni 合金的晶态结构会随着 Ni 含量的升高而变弱，当 Ni 含量为 4.8%（摩尔分数）时，其相结构还主要为 α-Mg 与 Mg_2Ni；当 Ni 含量达到 18.3% 时，它完全变成了非晶。对应地，该镁合金在 0.01mol/L NaCl（pH = 12）溶液中的溶解速度也随着镍含量的增高、非晶程度的变大而降低（见图 7-6）。这种溶解速度的降低与该非晶合金钝性的提高有关。

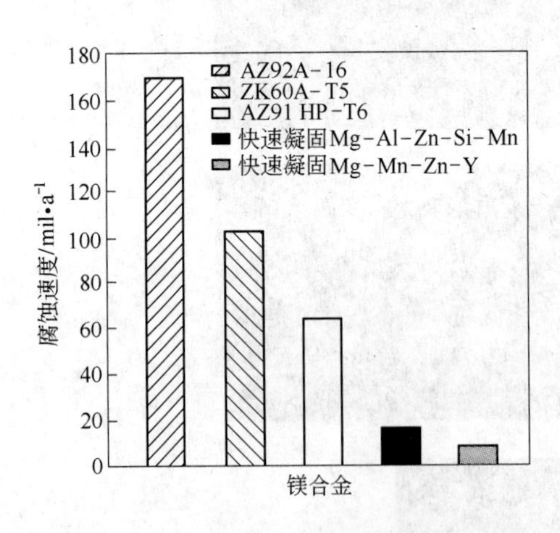

图 7-5　3% NaCl 溶液中快速凝固镁合金与一些商业镁合金的腐蚀速度比较（1mil = 0.0254mm）

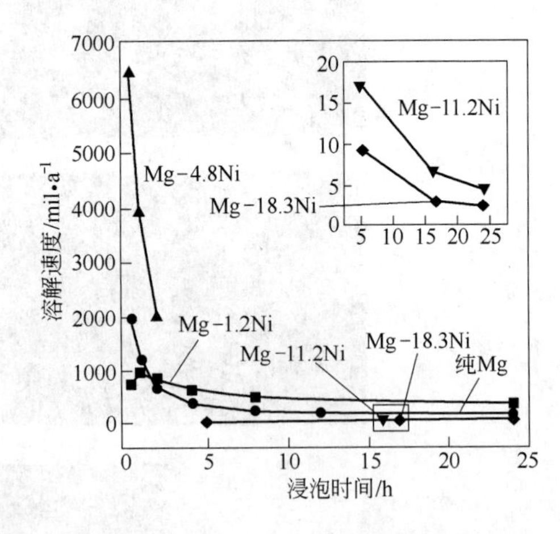

图 7-6　Mg 与 Mg-Ni 快速凝固薄带在 0.01mol/L NaCl（pH = 12）溶液中的溶解速度（1mil = 0.0254mm）

合金成分对快速凝固的镁合金耐蚀性也有至关重要的影响。图 7-7 所示为不同的合金元素对快速凝固二元镁合金腐蚀速度的影响。可以看出，铝是唯一能提高快速凝固二元镁合金耐蚀性的合金元素。

铝在快速凝固的镁合金中的作用就是促进钝化，提高点蚀破裂电位。在腐蚀过程中，由于镁的优先溶解而使铝在镁合金表面富集，表面膜的保护性增强。但锌在快速凝固的 Mg-Zn-Y 合金中似乎对腐蚀性影响不太确定。此外，固溶于镁中的 Y 元素能提高镁的耐蚀性。普通镁中 Y 的溶解度仅为 3.75%（摩尔分数）。在快速凝固的镁合金中，Y 有可能高于这一含量而不析出，从而对快速凝固的镁合金的耐腐蚀性起有益的作用。如 15% ~26%（质量分数）的 Y 能使快速凝固的镁合金出现伪钝化区。Y 在快速凝固的镁中不仅提高了镁的钝性，还升高了镁的点蚀破裂电位。将 Y 加入 Mg-Cu 合金中不仅提高了该合金的耐蚀性，还增宽了它的钝化区。这与 Y_2O_3 进入到表面膜 MgO 的晶格中有关。

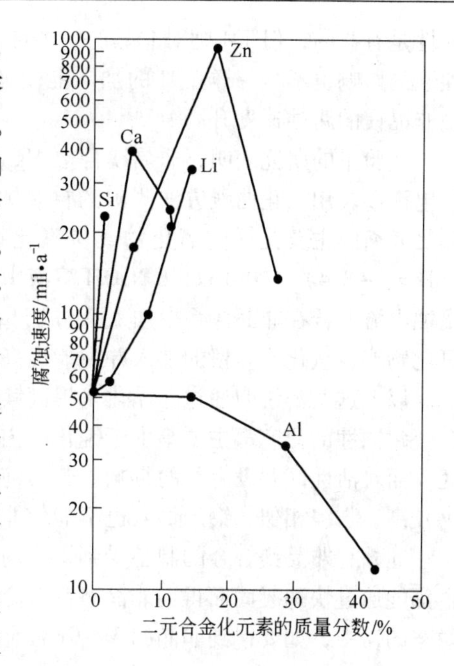

图 7-7　不同的合金元素对快速凝固二元镁合金腐蚀速度的影响（1mil = 0.0254mm）

稀土元素不仅增加快速凝固合金的热稳定性，还对快速凝固的镁合金的耐蚀性有益。虽然具体的机理还不大清楚，但推测可能与如下两个因素有关：

（1）稀土与溶液反应生成保护膜；

（2）使合金中的第二相钝化而降低点蚀倾向。

另外，钙也能提高快速凝固镁合金的耐蚀性与热稳定性。因此，快速凝固的镁合金中加入钙与稀土应是较好的选择。

热处理对快速凝固镁合金的腐蚀性有较大的影响。如快速凝固的 $Mg_{97.16}Zn_{0.92}Y_{1.92}$ 合金随着热处理温度的升高腐蚀得更快了。这与热处理导致 $Mg_{24}Y_5$ 相的析出有关。

所以以上这些对快速凝固镁合金的影响都可被利用来提高镁合金的耐蚀性。

7.5　采用其他方法来提高镁合金耐蚀性和强化

7.5.1　非晶化

非晶化的镁合金不仅比晶化的镁合金有较高的抗局部腐蚀的能力，而且力学性能（强度与韧性）也远比多晶镁合金要高。因此，非晶镁合金，尤其是大块的非晶镁合金的研制受到了极大的重视。

目前，有可能形成非晶的镁合金主要限制于以下几个体系：Mg-Zn，Mg-Cu，Mg-Ni，Mg-Ca，Mg-TM-Ln，Mg-Y-Ln，Mg-Ca-Al，Mg-Zn-Al，Mg-Al-Ca 等，其中最有前途的非晶镁合金体系当数 Mg-TM-Ln。TM 是过渡金属，如锌、铜或镍等；Ln 是镧系元素，也包括 Y。Y 是很关键的元素，因为 Mg-Y 的混合焓具有很高的负值。另外，镧系元素的原子体积比镁大得多，而铜、镍则比镁小。故三者混合有可能会有很高的局部应变能，这样从熔融态固化时，原子的扩散率应较低而难以形核生成晶相。所以 Mg-TM-Ln 系有极好的非晶形成能力。此外，该系列合金还有极高的强度。在该系列合金中，$Mg_{65}Cu_{25}Y_{10}$ 三元合金具有最好的非晶形成能力，冷却速度只需约 50K/s 就可使其非晶化。

Mg-TM-Ln（TM = Ni，Cu，Zn），Mg-Ca-Al，Mg-Al-Y 与 Mg-Y-Ln 等非晶合金都有很好的耐腐蚀性，它们的抗腐蚀能力都超过了普通的晶态镁合金。Mg-TM-Ln 系中的 Ln 一般对非晶的耐蚀性是有益的，但 TM 则对非晶的腐蚀性能不利。此外，其他一些合金元素对非晶镁合金的腐蚀性的影响也不尽一样。Al 的加入能使非晶镁的腐蚀速度降低，而添加 Si、Ca、Li、Zn 等都使非晶镁的腐蚀速度升高。

实验室的研究表明，非晶镁合金 $Mg_{65}Cu_{25}Y_{10}$ 在 0.1mol/L 的 NaOH（pH = 13）溶液中的钝化电流以及用极化曲线方法测出的自腐蚀电流都比纯镁或晶态的 $Mg_{65}Cu_{25}Y_{10}$ 要低。腐蚀后的非晶表面膜主要是镁的氧化物或氢氧化物。同样，该非晶镁合金在缓冲溶液 H_3BO_3/Na_3BO_4（pH = 5 ~ 8.4）与 0.1mol/L NaOH 溶液中时，也显示出比纯镁或其晶态时更低的钝化电流和自腐蚀电流。若在非晶体系中加入 Ag 成 $Mg_{65}Cu_{25}Ag_{10}$，则腐蚀后的非晶表面膜主要是 Mg 与 Y 的氧化物或氢氧化物。银的加入并不能提高非晶镁合金的耐蚀性能。

以上这些都说明通过非晶化来提高镁合金的耐腐蚀性有一定的潜力。但是，大部分非晶镁合金耐蚀性的研究都主要集中于钝化区内。应该注意到，非晶化似乎只是加宽了镁合金的钝化区，而对活性区并没有好的影响。若与纯镁相比，即使是非晶的 Mg-Ni 合金，其活性溶解速度仍较高。与镍相似，铜的加入也不能使非晶 Mg-Cu 的活性溶解速度低于纯镁。

此外，非晶镁合金的制备受到了目前快速凝固技术的很大限制。并非什么合金体系的镁合金都能通过快速凝固而得到非晶态镁合金。如铬也许对镁合金的耐蚀性有利，但它很难溶在熔融态的镁中，如要得到非晶的 Mg-Cr 合金就更是困难。

7.5.2　微晶化和纳米化

快速凝固也能产生纳米结构的镁合金。将熔融的 Mg-12%（摩尔分数，下同）Zn-3% Ce 与 Mg-10% ~ 20% Zn-0 ~ 10% La 镁合金喷到低温金属轮上，得到 20μm 厚的金属带，该金属带以非晶为主，其中弥散地分布着 3 ~ 20nm 大小的 α-Mg 颗粒，颗粒间相距约 3 ~ 10nm。

通过快速凝固粉末冶金的方法，也能得到高强的纳米结构镁合金。在高压的氩气喷射下将熔融的镁合金雾化快速凝固，形成 25μm 的微粒粉末。这些粉末先冷压，而后再在高于非晶的晶化温度下进行挤压成形。

具有纳米结构的镁合金的耐腐蚀性较好。如用上述的快速凝固粉末冶金方法制备的具有上述纳米结构的 $Mg_{70}Ca_{10}Al_{20}$，其耐腐蚀性比经 T6 热处理后的 AZ91D 还要好（见图 7-8）。

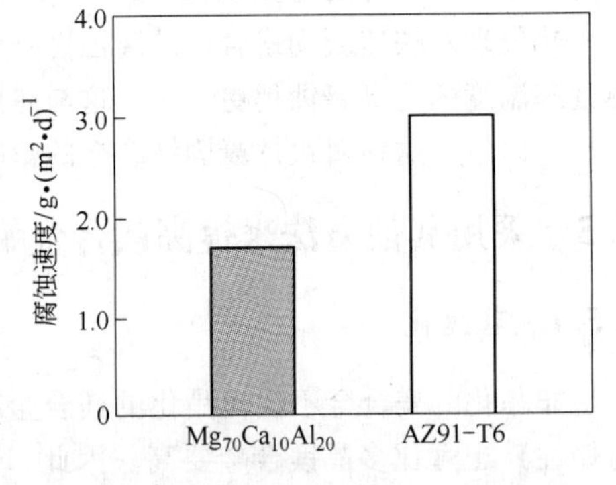

图 7-8　$Mg_{70}Ca_{10}Al_{20}$ 与普通 AZ91-T6 在 3% NaCl 溶液中 300K 时的腐蚀速度

因此，微晶化与纳米化也可能成为提高镁合金耐蚀性的方法。

7.5.3　气相沉积

用常规的冶金与热处理方法来发展新的耐蚀镁合金，常常受到合金元素在凝固前后溶解度及冷却速度的限制。物理气相沉积的方法可以得到成分范围很广的合金。它可以生成 50mm 厚的合金，比快速冷却方法适用于更多的镁合金体系。但这样的合金常为多孔的微观结构。

气相沉积制备耐蚀镁合金的原理十分简单。图 7-9 所示为该方法的原理图。镁与合金元素经加热蒸发并混合，在低温下被合金收集器凝聚成合金。

用此方法制备的 Mg-Mn 与 Mg-Cr 合金，Mn 与 Cr 的含量分别可高达 3% 与 39%。它们的微观结构为柱状结构，并有些孔隙。

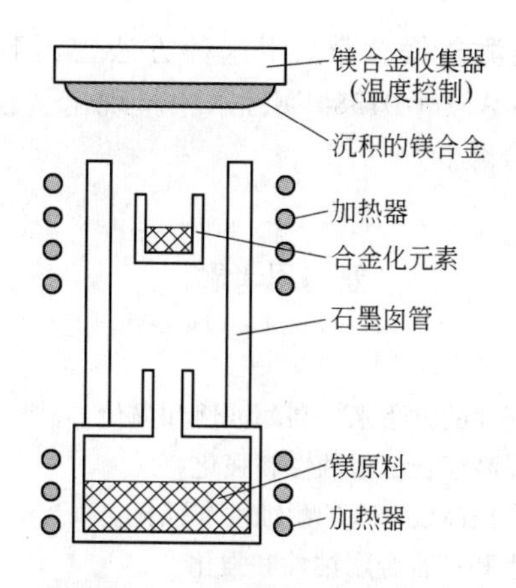

图 7-9　气相沉积镁合金的原理

用这种气相沉积的方法制备的镁合金的腐蚀性能见表 7-2。气相沉积的纯镁，镁锰与镁铬合金比铸态的纯镁的腐蚀速度要低很多。锰的加入量低于 13% 时对耐蚀性的影响十分有限；当超过 13% 后，腐蚀速度比气相沉积的纯镁略大。

表 7-2　用气相沉积的方法制备的镁合金的腐蚀性能

成　分	腐蚀速度/$mm \cdot a^{-1}$	清洗后的表面形貌
气相沉积的纯镁	0.49	MSP, C
铸造纯镁	19.8	
Mg-5% Mn	0.16	FSP, T
Mg-8% Mn	0.29	MSP, C
Mg-11% Mn	0.63	MLP, T
Mg-13% Mn	0.37	FLP, T
Mg-22% Mn	1.02	MLP, BF
Mg-33% Mn	0.54	MLP, BF
Mg-2% Cr	1.36	EP, C
Mg-6% Cr	1.64	EP, C
Mg-7% Cr	1.95	EP, C
Mg-14% Cr	1.47	EP, C
Mg-21% Cr	1.03	EP, C
Mg-29% Cr	0.94	EP, C
Mg-39% Cr	0.95	EP, C

注：MSP—许多小孔；FSP—少许小孔；MLP—许多大孔；FLP—少许大孔；EP—大范围的孔坑；C—开裂；T—失去光泽；BF—黑色表面膜。

利用气相沉积的方法，目前已经成功制得了一些二元镁合金：Mg-Zr、Mg-Ti、Mg-V、Mg-Mn 和 Mg-Cr。其中 Mg-Zr、Mg-Ti、Mg-Mn 的耐蚀性能较纯镁好；Mg-V 和 Mg-Cr 则较差。

7.5.4　溅射

在真空管中，氩气分子被离子化后在电场的作用下轰击含镁靶材，由靶材轰击出来的原子就在一样品支持面上沉积得到溅射镁合金。用这种方法曾得到了 MgAlZnSn、MgZr、MgTa、MgV 等合金。其中 MgAlZnSn 在 ASTM D1384 腐蚀水中呈现出了较宽的钝化区。这说明，用这种方法可能得到较为耐蚀的镁合金。

复习思考题

7-1 简述用去除镁合金杂质的有害性的方法来提高耐蚀性和强化。

7-2 简述采用特种铸造的方法来提高镁合金耐蚀性和强化。

7-3 简述采用固溶热处理的方法来提高镁合金的耐蚀性和强化。

7-4 简述采用快速凝固的方法来提高镁合金耐蚀性和强化。

8 镁合金腐蚀的防护和研究展望

了解镁合金的腐蚀的根本原因，根据应用环境的特点，利用镁合金腐蚀的特殊性，提出可行的最合理的防护措施，是解决镁合金腐蚀的总策略。

镁合金腐蚀防护在原理上与其他的金属并无两样。但如前几章所述，镁合金的腐蚀有许多特性，在实际应用时，有些理论上可行的防腐方法，用于镁合金时就有可能不现实了。所以，镁合金腐蚀的防护策略与其相应的防护途径具有一定的特殊性，有必要专门对它们进行讨论。

本章重点讲述防腐策略的理论根据，不涉及具体的防腐技术。这些理论根据有些已被转化为技术应用了，有些还只是理论上的可能性。

8.1 镁合金快速腐蚀的原因

为了能对镁合金的腐蚀提出合理的防护策略，首先应总结一下镁合金不耐蚀的最根本原因。

镁合金化学性质十分活泼，于是许多人把镁合金的高腐蚀性简单地归咎于这一点。但这种看法显然是比较浅显的，并未看到问题的本质，因为热力学上的不稳定性是不耐蚀的必要条件，而不是充分条件。从热力学上看，铝与钛也都十分地活泼，但这两者却是非常耐蚀的。其原因是它们的表面能自发地形成一层具有保护性的氧化膜，使它们钝化。因此，从动力学的角度看，镁合金的表面无法自发地形成具有保护性的表面膜，是镁合金低耐蚀性的根本原因。

如果进一步地研究为什么自发形成的表面膜没有保护性时，包括一些权威的镁合金研究者只是简单地用 Pilling-Bedworth 比（MgO 与 Mg 的摩尔体积比）小于 1 来解释。这种解释，对于镁的氧化有一定的合理性，即膜较厚时，受拉应力的影响就会破裂，使氧化继续。但如对于镁在含水的介质中的腐蚀，仅用 Pilling-Bedworth 比来解释表面膜的非致密性，则会有较大的困难。因为在含水的介质中，镁表面膜中含有大量的 $Mg(OH)_2$，而 $Mg(OH)_2$ 与 Mg 的 Pilling-Bedworth 比并不是小于 1 的（而是远大于 1）。即使镁表面刚生成的表面膜是不致密的 MgO，但在水中经水化后，也应变得致密。所以，镁合金自发形成的表面膜不致密或没保护性，原因并不在于 Pilling-Bedworth 比，还有其他原因。

实际上，在考虑镁合金表面膜致密性与保护性时，有 4 个重要因素不应被忽略：

（1）在不含水的介质中，镁合金表面膜主要为氧化镁，由于 Pilling-Bedworth 比小于 1，因此不致密。

（2）在含水介质中，镁合金表面膜的生成总是伴随着氢气的析出。气泡从表面析出时，可能会破坏表面上直接生成膜的致密性。

（3）在含水的溶液中，镁合金腐蚀开始后，大部分表面膜为沉积而成，这样形成的膜不够致密。

（4）表面膜本身在所处的腐蚀介质中化学稳定性不高，易被溶解。

以上 4 点是镁合金表面膜没有保护性的原因，即镁合金不耐蚀的动力学原因。

8.2　镁合金的防腐策略

既然已知镁合金腐蚀的热力学与动力学原因，镁合金的防腐策略也就应该从这两方面考虑，即通过各种途径，提高镁合金在环境介质中的稳定性与镁合金表面膜的保护性。具体来讲有以下几个方面的策略：

（1）合理的应用设计；

（2）阴极保护抑制阳极过程；

（3）提高镁合金的耐蚀性；

（4）发展镁合金表面防腐技术；

（5）调整使用环境；

（6）弱化与消除加速腐蚀因素。

8.2.1　合理的应用设计

合理的应用设计，就是设计一种镁合金的应用状态，使镁合金与环境介质发生腐蚀反应的热力学可能性最低，动力学阻力最大或推动力最小。一个理想的设计，对镁合金腐蚀的防护常常能起到事半功倍的效果。实际的应用设计，需要考虑各方面的因素，腐蚀只是其中的一个方面。本节只是从腐蚀电化学的角度来考虑设计问题，所以它只能作为特别的例子。另外，在许多实际情况下，由于各种要求的限制，设计上可改动的参数并不多；即使有些可改动，改动的幅度也不会很大；因此，实际上的应用设计不可能是理想化的，它对实际的腐蚀性能的提高是有限的，不可能完全解决实际的镁合金腐蚀问题。

通过设计进行防腐有以下几条途径：

（1）使用环境的设计。使用环境的腐蚀性在很大程度上决定着镁合金的耐蚀性。有时在设计上做一个很小的变化，可能就会很大程度地降低镁合金的腐蚀速度。比如，已知镁合金的腐蚀对含盐的湿气极为敏感，如果在设计上使镁合金构件所处的位置通风良好，湿度很低，或湿气不能到达，那么镁合金在这样的环境中，热力学上相对稳定，动力学推动力也相对弱些。其中最为有效的设计就是将镁合金用于无腐蚀性的介质中服役，如将镁合金构件用于对镁无腐蚀的一些矿物油环境中。

（2）合适合金的选用。不同的镁合金，在不同的环境介质中有不同的热力学稳定性与动力学阻力，在腐蚀中会有不一样的历程，也会表现出不同的结果。有些镁合金比另一些镁合金要耐蚀；有的镁合金腐蚀主要是局部的；而有的则倾向于均匀的；有的镁合金对应力腐蚀开裂敏感，有的则不敏感。根据不同的需求，不同的使用环境，选择最为合适的镁合金可以大大降低腐蚀破坏的危险。一般镁合金构件在应用中如果要受一定的力，则应选局部腐蚀与 SCC 倾向都较小的镁合金，尽管所选的镁合金的整体腐蚀速度可能会比较大些。如 AM60 或 AM50 虽比 AZ91D 的腐蚀失重速度大，但腐蚀分布更为均匀。在汽车工业中，很多情况下，人们更愿意用 AM 镁合金，而 AZ91 的用量相对较少，这与从腐蚀观点出发的设计要求是一致的。

（3）构件的设计。有些情况下，对镁合金构件的几何形状做些不影响功能的调整，就可大大降低腐蚀的可能性。最有说服力的例子是，当镁合金与其他的金属接触时，加入绝缘垫片，就可消除镁合金的电偶腐蚀。另外，在镁合金构件上消除死角与小坑，防止腐蚀性液体的残留等，都有助于减少镁合金腐蚀的可能性。构件的合理设计的本质，依然是尽量地增大镁合金在特定的使用环境中热力学稳定性与腐蚀反应的动力学阻力。

8.2.2 阴极保护抑制阳极过程

从热力学角度看，当某一金属处于比其平衡电位还负的电位时，该金属应是电化学稳定的，不会发生腐蚀；如果从动力学上讲，当阴极极化足够强时，该金属的阳极溶解净反应就会变为零。所以阴极保护，就是对镁合金施加足够强的阴极电位或电流，使镁合金稳定于不腐蚀的状态，其阳极溶解即腐蚀过程受到完全的抑制。

理论上，对金属进行阴极保护，阴极保护电位一般都要负于受保护金属的平衡电位。具体途径有两条：牺牲阳极和外加阴极电流。对于镁而言，由于其平衡电极电位很负，如 Mg/Mg^{2+} 的电极平衡电位大约为 -2.37V（相对于标准氢电极），实际上很难找到比镁具有更负电极电位的工程材料作为牺牲阳极对镁进行阴极保护，所以，牺牲阳极这一途径实际上是不可能的。当用外加电流进行阴极保护时，面对镁如此负的电位，析氢将是十分激烈的。因此阴极保护的电流效率将会极低。为此，对镁进行外加电流的阴极保护是否经济合算，将是一个值得考虑的问题。此外，大量的析氢是否还会引起其他的问题，如氢的燃烧、氢进入金属材料引起氢脆等。

不过，根据最新的研究，镁在溶液中一定的电位下有可能形成完整的表面膜而使镁的阳极溶解降到很低的水平。因此在实际的阴极保护中，就有可能不必将阴极保护电位降到镁的平衡电位以下，只需将电位控制低于表面膜的破坏电位以下即可。根据实验数据，纯镁在 1mol/L NaCl 溶液中，当极化电流为 $-0.5mA/cm^2$（此时电位大约较其自腐蚀电位负 10mV）时，就可将镁的阳极溶解速度降至几乎为零，而且析氢速度不大。这有可能为镁合金的阴极保护开辟一条新的路径。

8.2.3 提高镁合金的耐腐蚀性途径

耐蚀性是材料的性能之一，通过改变材料的成分、相组成、微观结构等来改变耐蚀性是最基本的提高耐蚀性的策略。从理论上讲，可能通过改变这些因素，使镁合金热力学上更稳定而不腐蚀；也可使它容易钝化而使动力学上腐蚀更为困难；还可能有选择性地使最容易腐蚀的合金基相受屏蔽，从而使整个合金的腐蚀性降低。

提高耐蚀性的本质是提高镁合金热力学稳定性与动力学阻力，有三条可能性与可行性程度不同的具体途径。

8.2.3.1 惰性镁合金的可能性

从热力学上讲，镁转变成氧化镁或氢氧化镁的倾向极大。理论上可加入合金化元素来降低整个合金系统的自由能，增大其化学稳定性，使其不易被氧化腐蚀。这样的镁合金犹如黄金一样不易腐蚀，不妨称之为“黄金镁”，它应是根本上解决镁合金腐蚀问题的策略。但是由于镁在热力学上太过于不稳定，要使其氧化倾向变为零，需要加入的某些具有稳定化效果的合金化元素从理论上讲将是大量的。另外，这些合金化元素的总量不能超过镁合金的 50%，否则就不称其为镁合金，镁合金的基本性能也可能完全丧失。不仅如此，为了保持镁合金某些特有的性能，如密度比铝还轻，则实际可加入镁合金中的合金化元素的总量应是十分有限的，必须远远地低于 50%。以目前冶金方面的理论水平，尚无某一元素有如此的功能，少量地加入镁中就可将镁合金稳定到不被氧化的水平。所以可以肯定地说，惰性镁合金（“黄金镁”）这一防腐途径，尽管理论上十分美好，实际上是不可能实现的。

8.2.3.2 自钝性镁合金的可行性

镁本身极为活泼，极易被氧化。因此在防腐策略上，不妨利用其易被氧化的特点，加入致钝性的合金化元素，促使镁合金上的表面膜致密具有保护性，使镁合金产生自钝化。

已知的致钝性元素有 Cr、Ni、Al、Ti 与稀土元素等。它们加入镁合金中，有可能促使镁合金钝化。图 8-1 所示为几种含 Ni、Nd、Cu、Y 的快速凝固镁合金在 0.01% NaCl 溶液中的极化曲线。由这些极化曲线可以看出，这些镁合金实际上在该溶液中出现了一定程度的钝化行为。这一结果预示着自钝化的镁合金有可能被实现，这在理论与实际上都是可行的。这样的镁合金可称为“不锈镁”，如同不锈钢一样可钝化防腐。

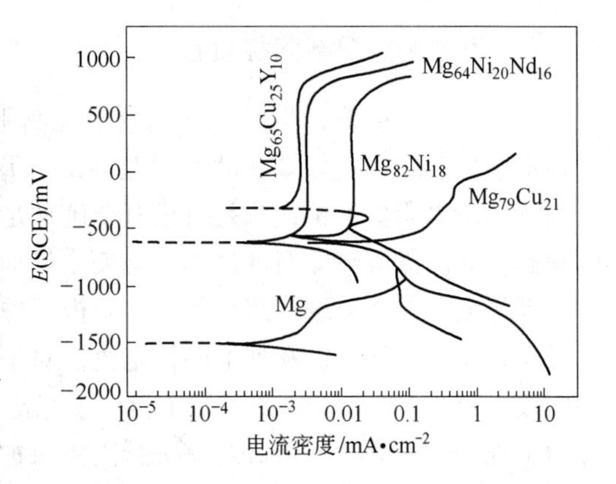

图 8-1　几种含 Ni、Nd、Cu、Y 的快速凝固镁合金在 0.01% NaCl 溶液中的极化曲线

但是，必须指出，图 8-1 中所标的合金是摩尔分数，虽然重元素的摩尔分数不高，但质量分数是很高的。若将它们的摩尔分数换算成质量分数，则它们的密度都很大，这样的镁合金就失去了作为轻合金的意义。这种以牺牲镁合金的小密度以换取高耐腐蚀性的途径未必可取。因此，理论上的“不锈镁”途径虽可行，但实际上，加入致钝性合金化元素时有较大的限制，在实际中采用的困难较大。

8.2.3.3 降低镁合金基相的腐蚀

既然从整体上，“黄金镁”不可能，“不锈镁”又比较困难，而基相是镁合金中的薄弱点，最容易优先被腐蚀，如果能提高合金中基相的耐蚀性，则整个镁合金的耐蚀性就会被提高。这实际上是从动力学上封堵最容易发生反应的途径的方法。在镁合金腐蚀的最薄弱的环节上下工夫，是提高镁合金耐蚀性最为有效的途径。具体方法可以通过改变基相的成分，提高稳定性或钝性；或者改变微观结构和相分布，降低其他相对基相的腐蚀加速作用或以其他更耐蚀的相将基相屏蔽等。

降低镁合金基相的腐蚀可通过冶金、铸造、冷热加工处理等方法。而这些方法实质上通过宏观技术来控制和调整其微观的成分、组成与结构，所以针对性都不高，附带的镁合金其他方面的变化也较大。因此，这一途径的效率与效益不会太高。

8.2.4 镁合金的表面防腐

既然腐蚀是材料表面的化学行为，防腐核心就应是改变镁合金与环境介质间的界面。从热力学上降低这一界面的能量，从动力学上增大界面上反应所需的阻力或活化能，这样才能最直接、最有效地抑制发生于这一界面上的腐蚀反应。此外，与表面相关的基底金属表层以及环境介质中能影响到介质-金属界面的物质，都是发展防腐技术应关注的对象，它们也都直接或间接地影响到界面上的腐蚀过程，调整它们也能起到抑制界面上腐蚀速度的目的。所以镁合金的表面防腐策略，实质上就是降低镁合金与环境介质界面反应的活性，提高界面反应的活化能。

表面防腐的主要途径介绍如下。

8.2.4.1 表面层的调整

与提高镁合金耐蚀性的策略不同，镁合金表面层的调整不改变镁合金本体的化学成分、相组成与微观结构，只改变合金与环境介质接触的表层部分的化学成分、相组成或微观结构。这样，从整体上看还是原来的镁合金，但其表面与原来的镁合金已经有了很大的不同，甚至已不再是镁合金的表面，而是另外一种金属的表面，该金属表面是由原来的镁合金表面演化而来，与原镁合金表面层还有一定的传承关系。这一防腐途径的优点在于只提高表面的耐蚀性而镁合金本体的性能不受影响。

通过镁合金表面层调整这一途径，主要为了得到以下几种效果：

（1）增大阴阳极极化。使镁表面的阳极溶解与阴极析氢都变得困难了，进而使腐蚀速度降低。由于阳极溶液与阴极析氢主要决定于合金中基相与其他相的化学性质，要改变这些，应改变表面层中的镁合金成分。

（2）隔离阳极相。使镁合金中易被腐蚀的基相被其他相对耐蚀的相所分割包围，这样腐蚀的快速通道就被阻隔了。即使基相发生腐蚀，也是被局限于极小的范围内或极薄的表层中。很多铸造与表面处理技术都能改变合金表面层中的相分布，达到上述目的。

（3）同化阴阳极相。使镁合金中阴极相与阳极相的电化学差别变小，电偶作用变弱，从而降低因微电偶作用导致的镁合金腐蚀。一个极端的做法就是使镁合金表面成单相结构，这样就不存在阴阳极相的差别，也就不会有微电偶腐蚀。

8.2.4.2 表面保护层

表面保护层是指在镁合金上生成一层相对独立于原来镁合金基底的保护层。它与镁合金表面层调整途径有相似的优点。但由于它是外加的保护层，受原镁合金基底的限制相对很少，因此在应用上更为灵活、多样、高效。

表面保护层在镁合金表面上的作用主要有两个：

（1）阻隔作用。阻隔腐蚀介质与镁合金的接触，使腐蚀介质不会对镁合金产生腐蚀作用。当然，起阻隔作用的保护层首先必须是致密的，这样才能真正将镁合金表面与环境介质分隔开来；其次，它必须在环境介质中稳定，不会轻易地被环境介质溶解掉，这样才能有较持久的阻隔作用；再有，它不应对镁合金有化学反应或腐蚀作用。由于保护层都是较为惰性的固体，且保护层与镁合金间无溶液介质，这三点一般能得到自然满足。理想的表面保护层应具有完全的阻隔作用。

（2）增加极化作用。没有完全阻隔作用的表面层，对镁合金也有一定的保护作用，因为它能大大地增加镁合金表面的阴阳极反应的极化程度，从而大大阻滞镁合金的腐蚀过程。但这种表面保护膜在阻滞镁合金的整体腐蚀的同时，有可能在某些没有阻隔处发生局部的腐蚀。尤其是保护层为阴极性的金属层时，在没有阻隔处的局部腐蚀反而会因为保护层的存在而大大被加速。当然，如果保护层为绝缘体时，局部的腐蚀不会被加速，而会因为腐蚀产物在那堆积或氢气泡在该处的阻隔，使局部腐蚀不断减速。

8.2.5 调整镁合金使用环境

调整环境，实际上是改变与镁合金发生化学反应的反应剂，它的改变将使镁合金腐蚀体系的热力学稳定性与反应动力学参数，特别是动力学阻力，都被改变，会直接影响到镁合金腐蚀的可能性与腐蚀速度。

调整环境有两个具体途径：

（1）通过改变环境介质的成分，使与镁合金发生腐蚀的物质的活度降低，促进镁发生钝化的物质的活度升高，以降低介质对镁合金的腐蚀性。

（2）通过在环境介质中添加微量的缓蚀剂，改变镁合金与环境介质间的界面上的双电层结构，以达到抑制镁合金腐蚀的目的。

8.2.6　弱化与消除加速腐蚀因素

当已知某一特定外加因素被确定为导致腐蚀破坏的主要因素时，如果能去除这一加速腐蚀的因素，就可有效地抑制腐蚀。例如，应力腐蚀开裂与腐蚀疲劳中的应力就是这样一个关键因素，消除应力后，也就不会有应力腐蚀开裂与腐蚀疲劳了。

当镁合金与其他金属接触时，腐蚀的主要威胁是宏观的电偶腐蚀。从动力学上分析，镁合金实际上被与之接触的金属加上了一个阳极方向的推动力，当然腐蚀会被大大加速。在这种情况下，外部电接触的金属就是造成电偶腐蚀的关键因素。消除或降低宏观电偶腐蚀的方案有以下几个：

（1）最理想的是，切断镁合金与其他金属间的电接触，这样可能完全避免宏观电偶腐蚀。

（2）如果可以，选择与镁合金电化学性质相近的金属与镁合金接触，这样可降低电偶腐蚀的驱动力。

（3）增加镁合金以及与之接触的其他金属的极化率，如在镁合金或其他金属上加表面保护层，这样会使电偶腐蚀的强度降低。

8.3　镁合金防腐前景展望

镁合金腐蚀与防护领域的兴衰决定于镁合金材料的发展前景；而镁合金防腐的成功与否，则关系到镁合金的应用前景。以目前的发展趋势看，镁合金腐蚀与防护的前景将是光明的。

8.3.1　对镁合金重要性认识的不断提升

镁合金的腐蚀问题已经被广大的镁合金研究应用与开发工作者们所认识。至少人们谈到镁合金时，知道镁合金的腐蚀是个问题，然而，这个问题在镁合金的研究开发与应用中有多重要，应占多大的分量，应投多少精力、资源与力量去解决，则人们的认识有深有浅。不过庆幸的是，有两个因素推动着镁合金腐蚀与防护地位的提升。

首先，越来越多的不重视镁合金腐蚀与防护的教训将使人们受到教育。随着镁合金越来越广泛的应用，那些未被妥善解决的腐蚀问题都将被逐步显现出来。到时，镁合金的应用者可能需要付出相对巨大的代价。这些代价买来的教训，无疑会反过来推动人们认识镁合金腐蚀问题的重要性。例如，某公司想将新开发的耐高温蠕变的一种镁合金用作汽车发动机，腐蚀工作者曾建议该公司先对该合金进行一些汽车冷却液中腐蚀性能的测试与研究，但该公司未予重视而直接用普通的水液对镁合金发动机进行动力模拟实验。数月的实验结果发现，镁合金发动机的冷却系统被严重地腐蚀了，这有可能影响到动力模拟的实验结果。于是该公司开始采用腐蚀工作者的建议，在第二次动力模拟实验之前，对该镁合金在冷却液中的腐蚀与缓蚀行为进行了研究，并专门安排某化学公司为该合金开发冷却液。在这个例子中，这家公司还是相对幸运的，因为还只是在研究开发中，因轻视腐蚀所付出的代价并不大，并吸取了教训，及时地采取补救措施。相信这样的例子在镁合金的发展过程中不会少见。因此只要镁合金的发展与应用不发生停滞或倒退，类似这样的教训将会越来越多，腐蚀与防护对于镁合金的重要性，也将会随着镁合金的发展，而被越来越多的人更加深刻地认识。

其次，最终效益与成本的核算，使人们不得不重视镁合金的腐蚀与防护。从长远考虑，对镁合金腐蚀与防护投入得越早，则越合算。目前，人们在开发某一新的镁合金或在设计应用某一镁合金构件时，首先考虑的仍是力学性能。当这些力学性能得到满足时，合金的开发或构件的设计也就算是基本定型了，然后合金的开发者或构件的设计者才会想起测试一下他们作品的腐蚀性能。如腐蚀性能不能过关，他们才会要求腐蚀工作者，在不改变已经投入大量资金才获得的合金工艺与设计方案的基础上，为其提供防腐措施。因此，镁合金的腐蚀与防护无形中已经受到了很大的限制，相应地防腐的研究与措施的成本也就相对较高。更有甚者是在实际的应用中出现了腐蚀问题，才要求腐蚀工作者来解决问题，提供防腐措施，这时的腐蚀代价往往是很高的，有时甚至已是不值得防腐或是无法防腐了。较为遗憾的是，大部分人不会因腐蚀工作者的几句呼吁就会立即获得这样的认识。只有随着镁合金应用变得越来越广泛，人们通过长期的效益核算后，才会逐步认识到。

所以在上述两个因素的推动下，镁合金的腐蚀与防护的重要性，将会随着镁合金的研究与应用的发展，被人们越来越充分地认识到，并得到不断的提升。

8.3.2 镁合金是高效益低成本的工程材料

既然效益与成本的核算是促使镁腐蚀与防护重要性提高的动力之一，这就必然地要求镁合金腐蚀与防护方法越来越合理、合算。事实上，任一科学技术是否能得到发展，最终取决于它能否为人们带来政治、经济、社会等方面的效益，最终效益成本的核算是学科发展的根本动力。可以想象，如果数理化等基础知识不能为人类创造出巨大的效益，何来如今种类繁多的各门学科。这里应该强调的是，所谓的效益，指的是综合的、长期的。它不仅仅是经济效益，还应包括社会、文化、军事、政治等诸多方面；它也不仅仅是眼前的，更应是长期、长效、最终的。

镁合金在效益成本核算上面临着铝合金的竞争。镁合金在许多性能上与铝合金相比有一定的优势，但是，它在腐蚀性能上的劣势却是极其突出的。如果用于提高镁合金耐蚀性或防腐方面的成本投入过多，或为了弥补镁合金腐蚀性能的不足而牺牲的效益过大，就完全要有可能使镁合金相对于铝合金在整体的效益成本核算上失去优势。比如，镁合金比铝合金轻，比强度高，为节约石油能源，减少空气污染，镁合金来代替汽车上用的铝合金与钢铁材料将是十分有前途的，也是众多镁合金工作者努力的方向。但是，提高镁合金的耐蚀性会大大提高其经济成本。一些防腐措施，不仅需要一定的经济投入，还可能会有环境污染与有害健康等方面的代价，因此，以目前的提高镁合金耐蚀性或腐蚀防护的技术的水平而论，若从长期的综合效益核算上考虑，镁合金还达不到完全替代汽车上铝合金的水平。从某种意义上说，未来镁合金是否能作为结构材料，利用其质量轻、比强度高的优点，在实际中得到广泛的应用，腐蚀与防护的效益成本将是决定性的因素之一。

由此可得出结论，高效、低成本将是今后镁合金腐蚀与防护发展的方向之一。高效，即要求镁合金有很高的耐蚀性，防腐措施有长久的持续性。低成本，不仅是经济上投入低廉，更重要的是无毒、无污染。目前，我国对于无毒与无污染方面要求还不太严格，使得我国防腐技术的社会成本严重地低于实际的水平或国外的水平。从长远看，这种状态不可能持续长久。高效益低成本的防腐技术必将是镁合金发展的必然选择。

8.3.3　特殊应用中的腐蚀与防护

质量轻、比强度高，只是镁合金的优点之一，也只是镁合金的应用受到重视的一个方面。对于与这一优点相关的应用，目前人们把目光主要投在汽车工业上，还有一些应用，如运动器材、通信设备、计算机、家用品等。当然这些应用除了与其质量轻的特点有关外，还利用了镁合金的无磁、易回收、抗震性等特点。如前所说，镁合金在这些方面的应用很大程度上取决于防腐的成本，而防腐的成本的构成不仅是经济的，更是社会的。因此，相关的腐蚀防护技术的研究与发展有较多因素的限制，要使这些技术的成本大幅度地降低，难度相对很大。以目前的水平来看，在短期内，这些方面应用的防腐技术成本下降的空间有一定的限度。因此，镁合金在这些方面的应用虽前景美好，但眼前的道路却是曲折漫长的。

为使镁合金应用具有更高的效益成本核算，当防腐的成本不能立即下降时，一些效益显著的应用必将会成为热点。例如，镁合金在航空、航天、军事等方面的应用，这些方面常常与国家的政治、军事利益紧密相关，效益无法估量。如在航空、航天领域中就有“为减少一克而奋斗”的口号。这时，防腐技术的有效性是直接关系到镁合金应用是否成功的关键之一，也直接关系着镁合金在这些方面的效益，成了第一位的因素。而经济、环境、卫生等方面的成本就变得相对不那么突出。只要能得到高效的防腐方法，镁合金在这些方面应用的效益成本核算就很可能是值得的。这对镁合金腐蚀与防护发展的限制会相对少些，必将在今后的一段时间里促使镁合金在航空、航天或军事方面的腐蚀与防护研究进步、发展。

此外，目前全球能源的日趋紧缺与人们对生物技术日益重视，也必将会影响到镁合金的腐蚀与防护领域。与此密切相关的应用是镁合金电极材料、储氢镁合金以及可能用作人体植入的镁合金等方面。而限制镁合金在这几方面应用的恰恰还是镁合金的腐蚀性能。目前，镁合金在这几方面应用的腐蚀与防护的研究还相对很少，因此，随着镁合金在这些方面的应用研究的发展，这些特殊应用环境中相关的腐蚀问题将不可避免地被摆到日程上。人们将认识到，如果能成功地解决镁合金的腐蚀问题，使其应用于能源与医疗上，则其政治、经济与社会效益都将是巨大的。所以可以预见，镁合金在上述方面应用中的腐蚀与防护研究将会成为将来的热点之一。

8.3.4　加强镁合金腐蚀与防护的基础研究

从腐蚀科学的角度考虑，导致镁合金腐蚀的根本原因是镁合金表面不能自发地形成一层具有保护性的表面膜。这如同一个人体内缺少了免疫系统。所以，从根本上解决镁合金腐蚀问题的出路在于发展耐蚀的镁合金，即为镁合金建立免疫系统，使镁合金在某种程度上具有“不锈镁”的特性。虽然以目前镁合金腐蚀理论与防护技术的水平而论，“不锈镁”还不大可能，但这应该是镁合金腐蚀与防护的长远目标。

为达到这一目标，镁合金腐蚀与防护的基础研究将是不可或缺的，它应该是镁合金腐蚀工作者今后需要长期坚持努力的方向，这方面往往容易被人们所忽视，但却十分重要。

8.3.5　加强镁合金表面强化技术的发展

显然，发展“不锈镁”彻底解决镁合金的腐蚀问题，是一个长远的研究目标，在解决现实的腐蚀问题时，仍需要有一些暂时有效的防腐技术。既然镁合金不耐蚀的根本原因在于其表面膜，则人为地在镁合金表面生成一层具有防腐性的表面层将是解决镁合金腐蚀问题的最直接有效的方法。这如同对于失去免疫能力的人，在没有找到医治或恢复其免疫系统的治疗方案之前，最有效地保护病人的措施则是为病人戴上口罩，套上保温防菌的衣服，尽量地隔绝病人与不卫生环境的直接接触。所以可以预见，高效、无毒、无污染、低成本的各种表面处理或表面技术可能是未来一段时期内镁合金腐蚀与防护发展的重点方向，大量的突破性研究可能会发生在镁合金的表面技术这一方向上。

复习思考题

8-1 镁合金快速腐蚀的主要原因有哪些？

8-2 镁合金的防腐策略主要有哪些？

8-3 简述阴极保护抑制阳极过程。

8-4 提高镁合金的耐腐蚀性途径主要有哪些？

8-5 简述镁合金的表面防腐。

8-6 简述镁合金弱化腐蚀的因素。

参 考 文 献

[1] 许振明，徐孝勉. 铝和镁的表面处理［M］. 上海：上海科学技术文献出版社，2005.

[2] 宋光铃. 镁合金腐蚀与防护［M］. 北京：化学工业出版社，2006.

[3] 朱祖光，等. 有色金属的耐腐蚀及其应用［M］. 北京：化学工业出版社，1995.

[4] 潘复生，韩恩夏，等. 高性能变形镁合金及加工技术［M］. 北京：科学出版社，2007.

[5] 黎文献. 镁及镁合金［M］. 长沙：中南大学出版社，2005.

[6] 耿浩然，滕新营，王艳，王桂青，等. 铸造铝、镁合金［M］. 北京：化学工业出版社，2006.

[7] 白祯遐，等. 铸铝件上的黑色涂层［J］. 电镀与环保，2001（6）：35～37.

[8] 姚素薇，等. 铝合金上直接镀硬铬［J］. 电镀与环保，1999（1）：16～19.

[9] 王海林，等. 铝基化学镀镍磷套镀硬铬工艺［J］. 材料保护，1999（3）：7，8.

[10] 郭志刚. 铝和铝合金镀镍及其前处理［J］. 电镀与涂饰，1995（2）：22～24.

[11] 吴波，等. 铝及铝合金直接电镀在生产中的应用［J］. 电镀与环保，2002（6）：38，39.

[12] 刘振林. 铝件装饰性镀铬［J］. 电镀与环保，2000（5）：38，39.

[13] 龙有前，等. 铝及铝合金光亮镀锡［J］. 电镀与环保，2000（5）：17～19.

[14] 钟建武. 铝及铝合金电镀高可焊性锡基合金工艺［J］. 材料与保护，2002（11）：41～43.

[15] 冯概彬. 铝合金镀银［J］. 电镀与环保，2000（5）：14～16.

[16] 于升学，等. 铸造铝合金轮毂化学镀镍磷合金［J］. 电镀与涂饰，1998（2）：52～54.

[17] 涂抚洲，等. 铝轮毂电镀［J］. 电镀与涂饰，2000（1）：19～23.

[18] 林俊伟. 浅谈A356铝合金轮毂电镀工艺［J］. 电镀与环保，2002（4）：5～7.

[19] 薛方勤，等. 镁及镁合金表面化学镀Ni-P合金新工艺［J］. 材料保护，2002（9）：33，34.

[20] 韩夏云，等. 镁及镁合金表面镀锌工艺［J］. 材料保护，2002（11）：31～33.

[21] 郭兴伍. 镁合金阳极氧化的研究与发展现状［J］. 材料保护，2002（2）：1～3.

[22] 李宝东，等. 镁合金铸件表面处理技术现状［J］. 材料保护，2002（4）：1～3.

[23] 王立世，等. 国外镁合金微弧氧化研究状况［J］. 材料保护，2004（7）：61.

[24] 钱建刚，等. 镁合金环保型阳极氧化成膜工艺［J］. 材料保护，2003（11）：38～40.

[25] 张永君，等. 镁及镁合金环保型阳极氧化电解液及其工艺［J］. 材料保护，2002（3）：39，40.

[26] 张永君，等. 镁阳极氧化膜微观结构和防护性能的比较［J］. 腐蚀科学与防护技术，2004（1）：1～4.

[27] 刘元刚，等. 镁合金微弧氧化膜结构及耐蚀性的初步研究［J］. 材料保护，2004（1）：17，18.

[28] 薛文斌，等. ZM5镁合金微弧氧化膜的生长规律［J］. 金属热处理学报，1998（3）：42～46.

[29] 薛文彬，等. 镁合金微等离子体氧化膜的特性［J］. 材料科学与工艺，1997（2）：89～92.

[30] 郝建民，等. 微弧氧化和阳极氧化处理镁合金的耐蚀性对比［J］. 材料保护，2003（1）：20，21.

[31] ZOZULIN A J. Amodized coatings for magnesium alloys［J］. Metal Finishing，1994.

[32] 郭洪飞，等. 镁及镁合金电镀与化学镀［J］. 电镀与环保，2004（2）：1～5.

[33] GRAY J E，LUAN B. Protective coatings on magnesium and its alloy——a critical review［J］. Journal of Alloys and Compounds，2002.

[34] SHARMA A K，SURESH R，BHOJRAF H. Electroless nickelplating on magnesium alloy［J］. Metal Finishing，1998.

[35] 刘新宽，等. 镁合金化学镀镍层的结合机理［J］. 中国腐蚀与防护学报，2002（4）：233～236.

[36] 向阳辉，等. 镁合金直接化学镀镍活化表面状态对镀速的影响［J］. 电镀与环保，2000（2）：21～23.

[37] 单大勇，等. 镁合金化学镀镍层的性能研究［J］. 材料保护，2004（3）：1，2.

[38] 叶宏，等. 镁合金化学镀镍研究［J］. 材料保护，2003（3）：27～29.

[39] XIANG Y H, HU W B, LIN X K, et al. Initil deposition machanism of electroless nickel plating on magnesium alloys [J]. Trans IMF, 2001.
[40] 韩夏云，等. 前处理在镁及镁合金表面强化中的应用 [J]. 电镀与环保，2002 (4)：18 ~ 20.
[41] 李亭举. 铝合金及镁合金电镀工艺 [J]. 宇航材料工艺，1990 (2)：69 ~ 72.
[42] 蒋水锋，等. 镁合金浸锌及膜层彩化工艺 [J]. 材料保护，2003 (3)：30，31.
[43] 李国英. 表面工程手册 [M]. 北京：机械工业出版社，1997.
[44] 高波，等. 镁合金表面处理研究的进展 [J]. 材料保护，2003 (10)：1 ~ 3.
[45] 普切林 B A. 氢离子活度 (pH 值) 测定法 [M]. 张立言，等译. 北京：纺织工业出版社，1959.
[46] 矶田孝一，藤本武彦. 表面活性剂 [M]. 天津轻工业化学研究所译. 北京：轻工业出版社，1973.
[47] 上海轻工业专科学校. 电化学 [M]. 上海：上海科学技术出版社，1978.
[48] 赵国玺. 表面活性剂物理化学 [M]. 北京：北京大学出版社，1994.
[49] 亚当森 A W. 表面的物理化学 (上册) [M]. 顾惕人译. 北京：科学出版社，1984.
[50] 电镀技术杂志出版社. 实用电镀技术 [M]. 邵性波译. 北京：国防工业出版社，1985.
[51] 沈宁一. 表面处理新工艺 [M]. 上海：上海科学技术文献出版社，1987.
[52] 国家机械工业委员会. 中级电镀工工艺学 [M]. 北京：机械工业出版社，1988.
[53] 胡传炘. 表面处理技术手册 [M]. 北京：北京工业大学出版社，2001.
[54] 沈品华. 电镀锌及锌合金 [M]. 北京：机械工业出版社，2001.
[55] 郑振. 表面精饰用化学品 [M]. 北京：中国物资出版社，2002.
[56] 钱苗根，等. 现代表面技术 [M]. 北京：机械工业出版社，2002.
[57] 陈亚. 现代实用电镀技术 [M]. 北京：国防工业出版社，2003.
[58] 郑瑞庭. 电镀实践 600 例 [M]. 北京：化学工业出版社，2004.
[59] 李克，等. 铸造铝硅合金表面铬酸盐转化膜的制备及其耐蚀性 [J]. 材料保护，1999 (8)：8 ~ 10.
[60] 侯朝辉，等. 铝表面无机非金属膜层的阳极沉积 [J]. 电镀与环保，2000 (3)：32 ~ 34.
[61] 邵敏华，等. Al 合金点腐蚀及研究方法 [J]. 腐蚀科学与防护技术，2002 (3)：147 ~ 151.
[62] 张欣宇，等. 电解液参数对铝合金微弧氧化的影响 [J]. 材料保护，2002 (8)：39 ~ 41.
[63] 贺子凯，等. 不同基体材料微弧氧化生成陶瓷膜的研究 [J]. 材料保护，2002 (4)：31.
[64] GUTCHO M H. Metal Surface Treatment-Chemical and Electrochemical Surface Conversions [M]. USA: Noyes Pubns, 1982.
[65] 张永君，等. 镁的应用及其腐蚀与防护 [J]. 材料保护，2002 (4)：4 ~ 6.
[66] 仵海东，等. 镁合金表面涂装前处理工艺研究 [J]. 表面技术，2003 (6)：46，47.
[67] 李瑛，等. 镁合金上硫酸镍体系化学镀镍工艺 [J]. 材料保护，2003 (10)：32 ~ 34.
[68] 涂运骅，等. 镁合金涂装体系的应用现状及研究进展 [J]. 材料保护，2003 (12)：1 ~ 4.

冶金工业出版社部分图书推荐

书　名	定价(元)
有色金属行业职业教育培训规划教材	
重有色金属及其合金管棒型线材生产	38.00
有色金属塑性加工原理	18.00
金属学及热处理	32.00
铝电解生产技术	39.00
重有色金属及其合金熔炼与铸造	28.00
有色金属分析化学	46.00
镁冶金生产技术	38.00
镁合金压铸生产技术	47.00
有色金属行业职业技能培训丛书	
重有色金属及其合金板带材生产	30.00
铝电解技术问答	39.00
现代有色金属提取冶金技术丛书	
稀散金属提取冶金	79.00
萃取冶金	185.00
现代有色金属冶金科学技术丛书	
锡冶金	46.00
钨冶金	65.00
钛冶金	69.00
镓冶金	45.00
钒冶金	45.00
锑冶金	88.00
镁合金制备与加工技术手册	128.00
镁合金腐蚀防护的理论与实践	38.00
铝、镁合金标准样品制备技术及其应用	80.00
镁质和镁基复相耐火材料	28.00
细晶镁合金制备方法及组织与性能	49.00
镁质材料生产与应用	160.00
轻金属冶金学	39.80
铝冶炼生产技术手册（上册）	239.00
铝冶炼生产技术手册（下册）	229.00
现代铝电解	108.00
电解法生产铝合金	26.00